電子商務
實務200講

電子商務基礎檢定認證教材

➲電子商務 ➲物流管理 ➲物聯網

序

PREFACE

老師上課就如同藝人表演，最傷感的莫過於沒人捧場，學生為何不想聽？原因很單純，沒興趣！責任歸屬如下：

- 從前，是學生學習態度有問題，當掉他！
- 現在，是老師教學技巧有問題，寫報告！

今天，光靠單調枯燥的教科書內容，想要獲得學生捧場是有極大難度的，要翻轉教室教材就得：生活化、趣味化、影音化，還得與學生作互動，授課的難度提高了，不見得是壞事，我倒認為是教學技巧的提升，經過這樣的市場進化，教學可以成為一種專業。

當然，在少子化的今天，所有老師的雜務變多了，能專心備課的時間變少了，我寫這本書的目的就是協助老師們備課，內容不再是章節架構、原理原則，本書：「電子商務 200 講」，以生活、時事、新聞、案例為主題，搭配 100 支相關影片，教材內提供時事討論議題，讓學生分組討論、報告。

本書以投影片教學為架構，每一張投影片都是獨立主題，但又上下連貫，就好像連續劇一樣，空了 3 天後，第 4 天一樣能接上，由於採取時事、新聞為主題，因此老師們極容易根據標題，就可以生活經驗作為教學內容。

希望學生上課就像是聽故事，老師就扮演說書人的角色！

林文恭

108/02

目錄

CONTENTS

CHAPTER

1

電子商務概論

人手一「機」的時代來臨了：打電話、聊天、視訊、傳笑話、傳圖片、看電視、看電影、追劇、網購、揪團、團購、…、付費、轉帳、搭車、查地圖、…，這是一支無所不能的「機」，也是目前都會人士的貼身用品。

透過網路，在網站上買東西、賣東西都變簡單了，網路商店 24 小時不打烊，透過手機，消費者更是隨時、隨地可消費，接著電子商務而來的是行動商務！

透過網路，消費者的行為、訊息被廠商牢牢的掌握，客製化個人服務也接踵而至，行銷策略也變得更多樣化，相對的，消費者也可以輕易的貨比三家，聰明消費，更可網路串連、揪團消費，談到一個漂亮的價格。

在行動商務無距離的狀態下，海外購物也變得稀鬆平常，配合國際物流的蓬勃發展，運輸費用大幅降低，廠商從事全球化貿易拓展更方便了，消費者購買國外商品變簡單了、便宜了！

購物也瘋狂…

黑色星期五（Black Friday）是美國傳統購物節慶，起源於 1952 年，是感恩節之後 11 月第 4 個星期四，並非國定假日，但有些州卻將這一天定為州假日，大多數商家提供非常高的商品折扣，吸引消費者到實體商店排隊搶購。

從 2005 年開始，黑色星期五的實體店面，將採購日延伸出網路購物日超級星期一（Cyber Monday），隨著行動裝置、資訊、電商愈來愈發達，戰場悄悄地轉移到網路上，美國全國零售業聯盟（National Retail Federation，NRF）統計，2018 年約有 1.4 億美國人在感恩節周末於實體商店購物，驚人的是有超過 1.9 億人在超級星期一利用網路購物。

光棍節又稱單身節，是流行於中國年輕人的娛樂性節日，以自己仍是單身一族為傲。從 2009 年 11 月 11 日開始，購物網站以淘寶及天貓為首的商家將該日宣傳為「雙十一狂歡購物節」，隨後其他電商也紛紛加入，光棍節逐漸演變成網路購物節日，2018 光棍節活動：天貓商城交易額突破 8,860 億人民幣。

電商的崛起

30 年前線上購物對於消費者而言是有疑慮的，產品的品質？廠商的誠信？昂貴的運送費用？消費者自身的購物習慣？雖然日後證明 Internet 新科技可為生活帶來極大的便利性！

美國是一個鼓勵創新的國家，為了鼓勵電子商務的推行，於 1992 通過聯邦法案：「網購業者可以跨州銷售商品，無需課稅」，網購業者的經營成本大幅降低，網購商品價格更具競爭力，為往後 20 多年的電子商務發展提供了有利的經營條件。

今天全球電子商務發展都已經相當成熟，網路購物已融入一般消費者生活中，因此美國政府於 2018/06/21 廢除網路購物免稅法案，從此實體零售業者與電商業者的競爭站在相同的經營基礎上，同樣的，中國政府也宣布，國內、國外網購都必須繳稅，電子商務的輔導期宣告結束。

政府政策與相關配套法令，對於新創產業的發展有關鍵性的作用，美國政府當時若無免稅法令，電子商務發展可能會延遲 20 年。

網路商城與實體商城的差異？

對於消費者而言，購物包含 2 個層面：

- 滿足「物質」的需求
- 滿足「心理」的需求（血拚的快感）

實體購物有臨場感，對於商品的品質有即刻的體驗，有銷售人員即時諮詢，因此同時滿足「物質」、「心理」的需求。

網路購物的好處在於隨時、省時、方便，更提供比價的便利性，因此價格上可能比較優惠，但只能單方面滿足「物質」需求，缺少血拚的快感。

日常的消費行為有些是純理性採購，例如：家用消耗品，品牌、廠商都已確認、熟悉，就非常適合網路採購，而假日全家人一起「逛」商場，沒有明確採購標的，看看、摸摸、中意就買，這就是血拚。

因此根據不同的消費目的，實體商城與網路商城各有其優勢！

 傳統商務的殞滅？

Sears Tower　　目錄郵購創始者

西爾斯百貨大事紀

1906年	首次公開發行股票
1925年	在芝加哥開設首家店面
1945年	營收突破10億美元大關
1973年	當時全球最高大樓西爾斯塔，成為西爾斯總部
1991年	「全美最暢銷零售商」稱號讓給沃爾瑪
1994年	出售西爾斯塔
200[illegible]年	與Kmart合併
2018年3月9日	宣布2017年第4季虧損億美元
2018年10月9日	報導指稱西爾斯正準備可能的聲請破產保護作業
2018年10月[illegible]	聲請破產保護

Sears，西爾斯羅巴克公司，1886 年在明尼蘇達州創辦，初期是以目錄郵購的模式起家，到了 1960 年代，發展成美國最大的百貨公司，從居家、家電到汽車用品，幾乎什麼都賣。

1971 ～ 1975 年的經濟大蕭條終結了戰後長達 20 多年的繁榮，高失業率伴隨高通貨膨脹，美國零售業銷售額整體下滑，但是對於走低價路線的折扣商場來說，反而迎來了機會。

經濟大蕭條讓美國家庭可支配收入普遍減少，消費者對於「價格」的考量優於「服務」，並願意前往距離更遠的折扣商場購物，因此位於郊區的大型折扣商場迅速崛起，位於市區的高價位 Sears 百貨被打得毫無招架之力。

Sears 面對美國經濟情況與消費者習慣的改變無法提出營運變革，因此在 2018 年 10 月申請破產保護，熄燈結束營業。

誰殺了 Sears ？

新商務模式：國際採購 → 大量低價

大多數媒體喜歡將百年知名企業的敗亡，歸咎於新的商業模式崛起，例如：「電子商務殺了 Sears！」，由前頁分析可知，電商崛起之前 Sears 的經營已經逐漸走下坡。

景氣好的時候，賺錢容易，消費者注重享受，在意的是服務品質，因此 Sears 經營的百貨公司生意興隆，但經濟變差時，錢難賺了！買東西時自然錙銖必較，省一毛錢都是大事，因此低價折扣的量販店成為消費者的最愛！

Walmart 在經濟蕭條時抓住了機會，開創了「國際採購 → 大量低價」的新商業模式，完全符合當時美國消費者的需求，因此順勢崛起，取代了 Sears。

電子商務崛起只是提升商業交易的便利性，降低交易成本，進一步促進經濟發展，所有產業、廠商都面對同樣的機會與威脅，個別企業衰敗的真正原因是：「面對環境改變的不作為」，所以 Sears 應該算是自殺。

前浪死在沙灘上？

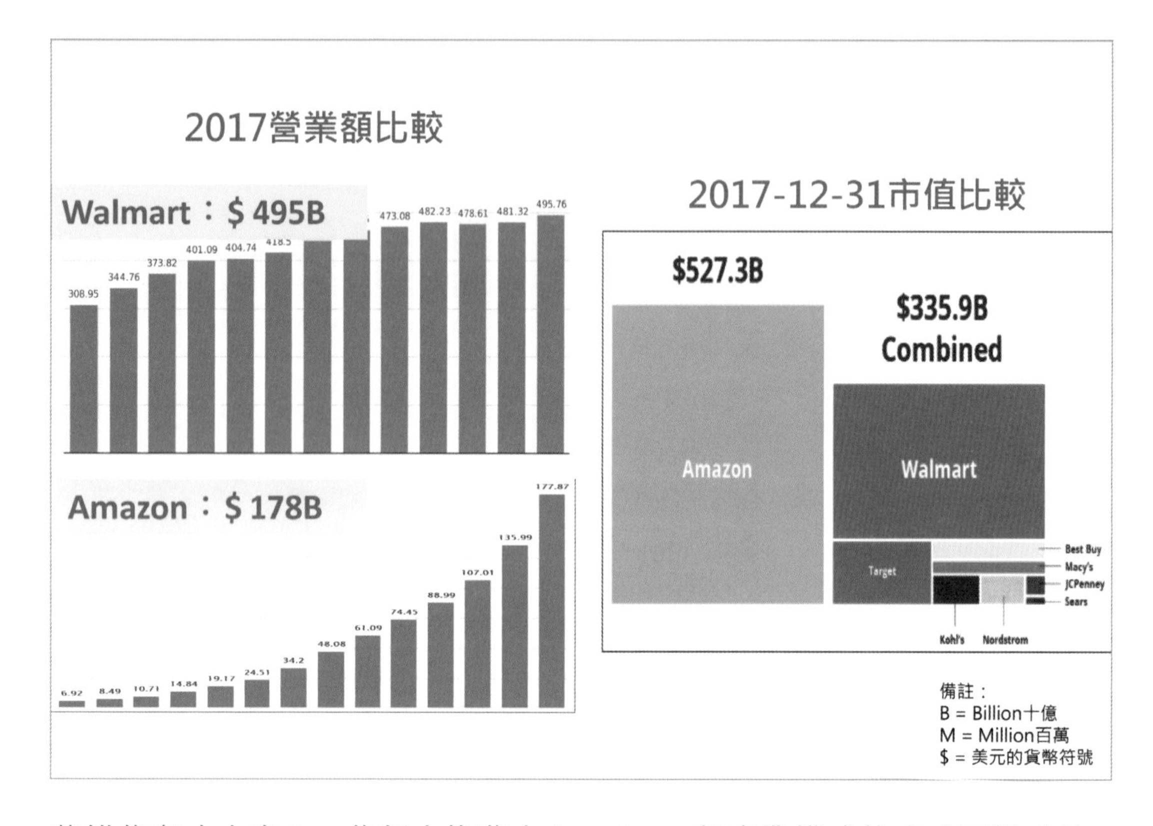

英雄代有才人出！一代新人換舊人！ Walmart 新商業模式的成功可歸功於：「抓住當時環境變化的脈動」，今天以 Amazon 為首的電商崛起，是因為消費者希望能享受更便利的消費模式。

線上購物，一鍵搞定，方便 → 即時 → 價格優惠，這就是當前消費的趨勢，傳統商務的經營模式面臨巨大的挑戰。

2017 年 Walmart 的年營業額 $495B 遠大於 Amazon 的 $195B，但 Walmart 的市值卻低於 Amazon，因為資本市場相信，Amazon 會是未來市場的主流，以 Internet 科技所帶動的新商業模式將主導購物行為的改變。

昨日的改革者今天變成被改革者，Walmart 對於 Internet 科技應用的投入太無感了，因此給 Amazon 這種新創企業崛起的機會，就如同當年 Sears 對於環境改變的無感而給了 Walmart 崛起的機會，歷史不變的真理：「富不過三代」。

屹立不搖：好事多 Costco

經營績效

	2014	2015	2016	2017
收入	113	116	119	129
毛利	14	15	16	17

單位：10萬美金

消費者的需求是多面向的！例如：明明已經吃得很飽了，卻可以再吃下一整盤的甜點，據說這叫做「第 2 個胃」！電子商務雖然提供消費者便利的購物，但不代表消費者只有「便利」的需求。

實體購物大廠 Costco（好事多）就是在電子商務浪潮下屹立不搖的企業，因為 Costco 堅信：「物美價廉」是消費者喜好的不變鐵律，因此在商品篩選及價格管控上不餘遺力，因此一到假日，整個賣場擠得水洩不通。

由上面的數據、圖表可看出，Costco 完全不受電子商務崛起的影響，不斷地向上成長，因此掌握消費者的需求就是王道，電子商城、實體商場各以不同的面向滿足消費者需求！

中美實體賣場的經營差異？

會員制、量販、郊區、開車

大賣場、市區、單車 or 步行

生活環境不同，消費者行為模式、習慣自然不同！以美國為例，地廣人稀，多數人居住在郊外，實體購物不是太方便，因此家庭購物補充大多以「一個星期」為週期，每週採買一次，因此冰箱、儲物櫃都是大大的，採購時也都開車前往，對比亞洲國家，居民大多居住於都會區，地狹人稠，居住空間狹小，但因為在市區內，因此購物非常方便，社區內、公司旁…，到處都是賣場，因此大多是小量高頻率的購買。

美國量販賣場中提供的 Family Size 大包裝商品，在價格上可以提供很高的折扣，美國消費者也偏好大量、高折扣的定價模式，但這個模式到了亞洲市場就行不通，儘管價格很棒但家中卻沒有足夠的儲物空間，大量採購也很難搬運回家，因此國外知名大型賣場到了亞洲設點，都必須配合當地消費者購物習慣作大幅度的變革。

台灣都會區的實體商店 3 步路就 1 家，在實體購物絕對方便下，電子商務的整體發展相對其他國家是落後的！

討論：電子商務興起 → 傳統商務殞落？

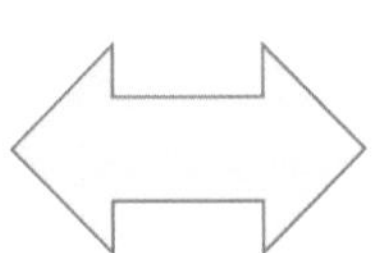

NBA
NBA
TICKETS

一般人常會把不了解的新事物視為洪水猛獸，例如：電子商務崛起後，某些實體商店的生意受到影響，就認為是電子商務即將「取代」實體店面，Sears 百貨倒閉是電商造成的，果真如此嗎？

電視、網路轉播未興起之前，運動迷要看運動賽事只能買票進運動場，實況轉播興起後，球迷都不進球場了嗎？事實剛好相反，美國的職業運動賽事的進場門票是一票難求的，透過實況轉播，原來對運動不熟悉的人也有機會去認識運動，進而喜歡某項運動。這是一種把餅做大的概念，球迷們進了運動場，除了看比賽還得負責加油、帶動現場氣氛，大小球迷們穿著運動服、拿著加油的道具、帶著球帽…，那不只是一張門票的事，運動賽事形成一個龐大的產業。

以「電子」提供便捷的資訊服務來擴大市場基礎，以「實體」提供精緻的體驗，電子商務與實體商務是現代企業經營不可偏廢的 2 個面向。

2016 馬雲

5兆RMB → 5兆USD

新零售
New-Retail

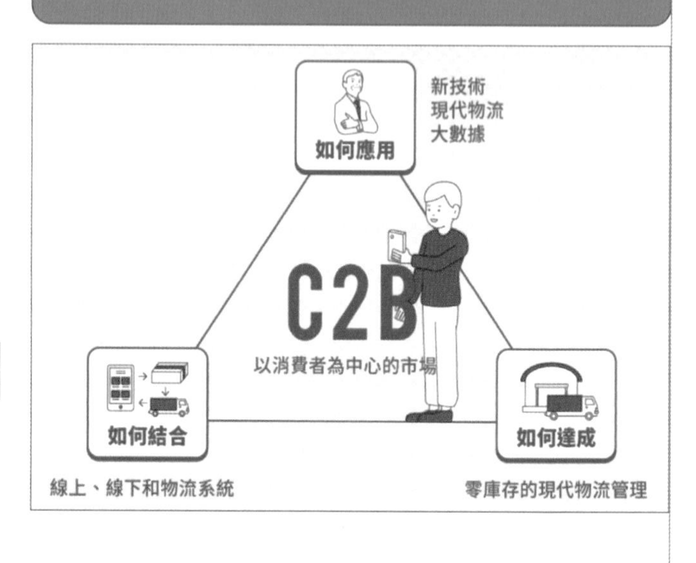

2016 年阿里巴巴的馬雲提出了新零售的主張，此主張的目標：「建構以消費者為中心的市場」，也就是把消費者擺在第一位，此主張獲得資本市場的認同，阿里巴巴的市值由 5 兆 RMB（人民幣）跳升至 5 兆 USD（美元）。

新零售的具體作為是什麼呢？

A. 整合線上、線下、物流系統 → 提升購物的便利性

B. 應用資訊、雲端科技 → 提升物流管理效率

C. 提升配送自動化程度 → 降低物流配送費用

新零售的主張事實上在美國的 Amazon 早已具體落實，因此 Amazon 風靡全球，深獲消費者的青睞，目前 Amazon 電子商務平台除了商品更提供「服務」，例如：電腦、電器、家具安裝、…，已經成為整合型的電子商城。

零售的演進

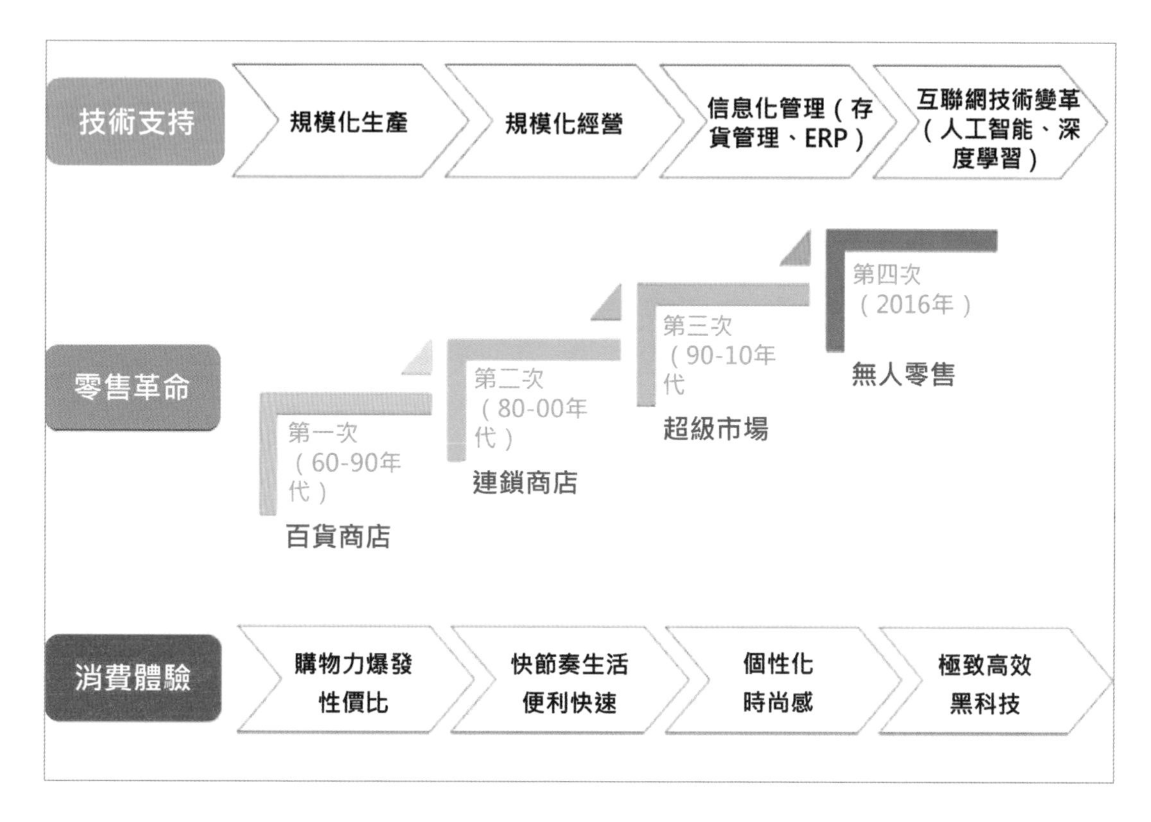

隨著生活水準的提升、經濟環境的改變，消費者的購物習慣與偏好也會跟著改變，因此零售商場的經營模式也隨著時代更迭。

由上圖可看出零售業經營模式迄今經歷 4 次變革：

百貨商店 → 連鎖商店 → 超級市場 → 無人零售

隨著經濟、科技的改變，消費者偏好歷經 4 個階段的改變：

性價比	→	便利快捷	→	時尚感	→	高效
（經濟起飛）		（都會化）		（個性化）		（即時）

為配合消費行為的改變，企業經營模式也歷經 4 個階段的改變：

大量生產	→	連鎖經營	→	資訊管理	→	互聯網應用
				（ERP）		（IOT、Cloud、AI）

生活每天都在改變，消費者更是喜新厭舊，企業經營不變的定律：「竭盡洪荒之力，滿足消費者需求」！

新零售內涵

新零售的概念在不同的時代有不同的做法，例如：

19 世紀：Sears 開創的目錄郵購，提供消費者遠端購物，就是新零售。

20 世紀：Walmart 為消費者提供更經濟實惠的商品，也是新零售。

21 世紀：Amazon 開創網路購物，讓購物無時間、空間的限制，更是新零售。

2016 馬雲提出的新零售，標示以下 4 個具體目標：

- 價格 → 更低
- 速度 → 更快
- 品項 → 更多
- 產品 → 更好

對所有通路商和供應商來說，服務在虛、實之間穿梭的消費者，是最基本的能力，企業發展不論從虛擬電子商城擴展到實體店面，或是由實體店面往電子商城擴張，未來勢必都要整合，而且很可能十年後、二十年後，將不再有電子商務這個名詞。

虛實整合智慧商務：O2O

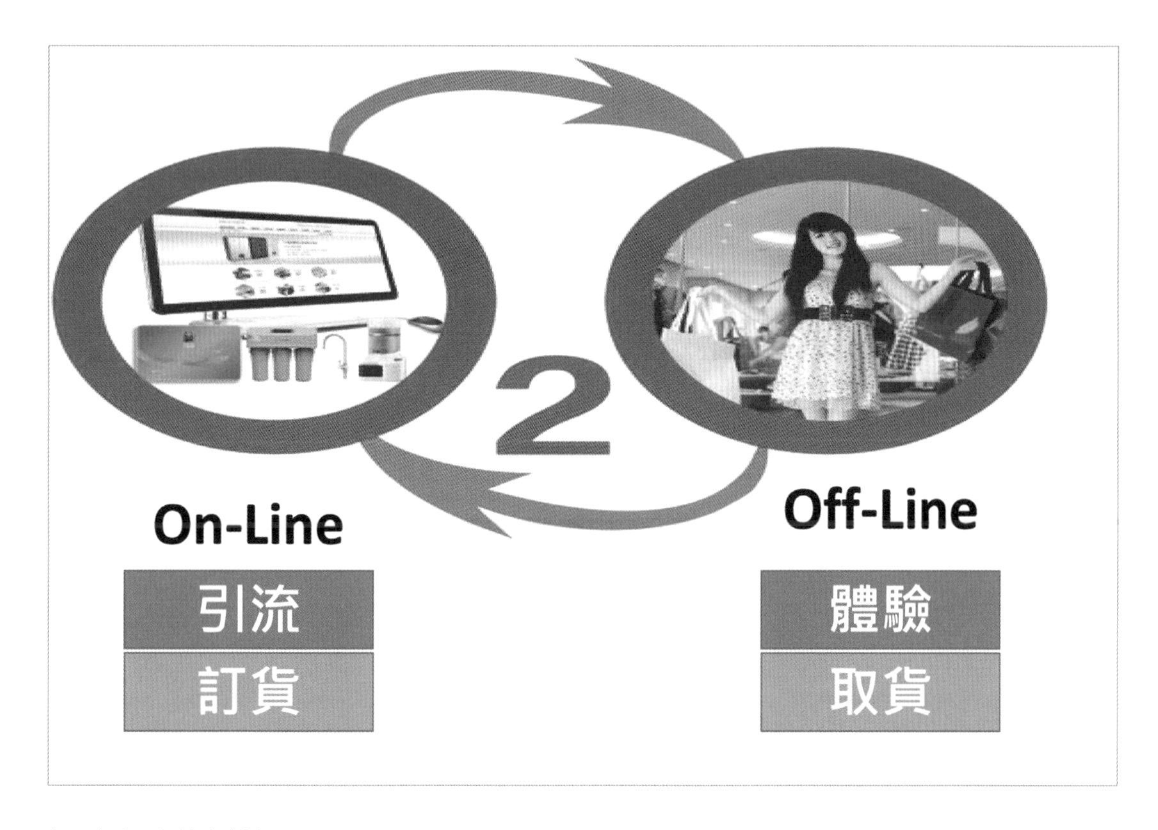

網路商城的優勢：

- 隨時、隨地皆可購物
- 透過雲端大數據＋ AI：可以輕易鎖定潛在消費者

透過貨比三家的軟體功能，消費者可以取得較優惠的交易條件，因此網路商城適合交易過程的前期作業：品牌建立、行銷、廣告、促銷、客服。

實體商城的優勢：

- 商品品質實際體驗
- 購物過程的享受

因此實體商城適合交易過程後期作業：體驗、取貨、付款

新零售的概念就是利用資訊科技作：線上、線下、物流的整合，提供消費者更優質的購物環境。

虛實結盟

新零售要作線上、線下、物流整合，但目前檯面上零售業每一位大咖，都只能掌控某一個領域，例如：阿里巴巴 - 電子商務、騰訊 - 社群、京東 - 物流、大潤發 - 實體零售，為了因應市場的變化，所有企業開始拉幫結派組織團隊。

目前市場上 2 大陣營：

騰訊團隊：家樂福、永輝超市、Walmart

阿里巴巴團隊：大潤發、銀泰百貨、聯華超市、蘇寧易購、…

企圖透過企業結盟方式，將新零售所覆蓋的範圍作一條龍式的服務整合。

請注意！ Amazon 是電子商務、物流起家的，一直在做新零售的實踐，它的策略是透過 2 種途徑：企業併購（Whole Food 400 家生鮮超市）、自行研發（無人商店購物系統），這 2 種途徑都需要大量資本投入及較長的整合時間，但整合的效果往往會遠遠超過企業結盟。

大潤發—新零售

大潤發在中國有超過 300 家實體零售商店，受到網路商城瓜分市場影響，近年來業績大幅下滑，因此併購飛牛網，作線上、線下交易的整合服務，並提出「千鄉萬館」計畫，深入偏鄉以小而美的實體商店提供虛實整合購物服務。

Alibaba 入股大潤發的母企業，與大潤發進行企業結盟，更補足了物流、網路商城的實力，由於 Alibaba 網路商城是中國首屈一指的，因此結盟後飛牛網也只能功成身退。

飛牛網的啟發：

新創企業在成立初期需要資金進行研發、營運，若無法獲得大企業注資，往往會因資金斷鏈而陣亡，一旦接受注資便尚失主控權，在不斷企業併購過程中黯然出場。

建議影片：創業時代

Amazon：叫我第一名

Amazon 神一般的企業！

- 網路購書起家，卻研發電子書改變消費者購書、閱讀習慣。
- 電商始祖卻併購實體生鮮超市 400 家。
- 全世界電商第一名，卻投入研發無人商店，預計展店 3000 家。

所有這一切，都是出人意表，讓所有競爭者瞠目結舌！

電子書：

網路上賣實體書只能說是半調子電子商務，但靠著網路賣書成功的 Amazon 並不滿足於現狀，將書籍轉變為資訊產品，透過電子書的研發改變消費者的閱讀習慣，並改變出版產業的營運模式，在網路上賣書是沒有技術、資金門檻的，任何網站都可模仿並取代，但電子書的研發卻需要資金、技術與時間，一旦取得領先位置就不易被複製，Amazon 雖然是一個成功的企業，卻隨時居安思危，以今日的成功來取代昨天的自己，這也是 Amazon 不斷進化的 DNA ！

Walmart：O2O 華麗轉身

Amazon 電子商務起家，併購 Whole Food 連鎖生鮮超市除了完成 O2O 整合外，更是著眼於實體物流點的建構，因為電子商務核心競爭力在於物流配送效率。

Walmart 在全美國有 4,600 銷售據點，90% 居民住所距離 Walmart 商場不到 1 英里，以美國人幾乎家家戶戶都開車的情況下，一英里的概念就等同是隔壁，因此大多數的訂單都能在 2~3 小時內配送至消費者家裡，或讓消費者到住家附近的 Walmart 賣場取貨，這樣的物流優勢是新創電子商務公司短期內無法望其項背的。

同樣的，Walmart 由實體商務起家，也大規模開展網路訂單服務，完成 O2O 整合，更利用「線上訂購 → 到店取貨」的策略，促成 2 次消費，算是一個非常成功的行銷策略！

線上、線下銷售比率

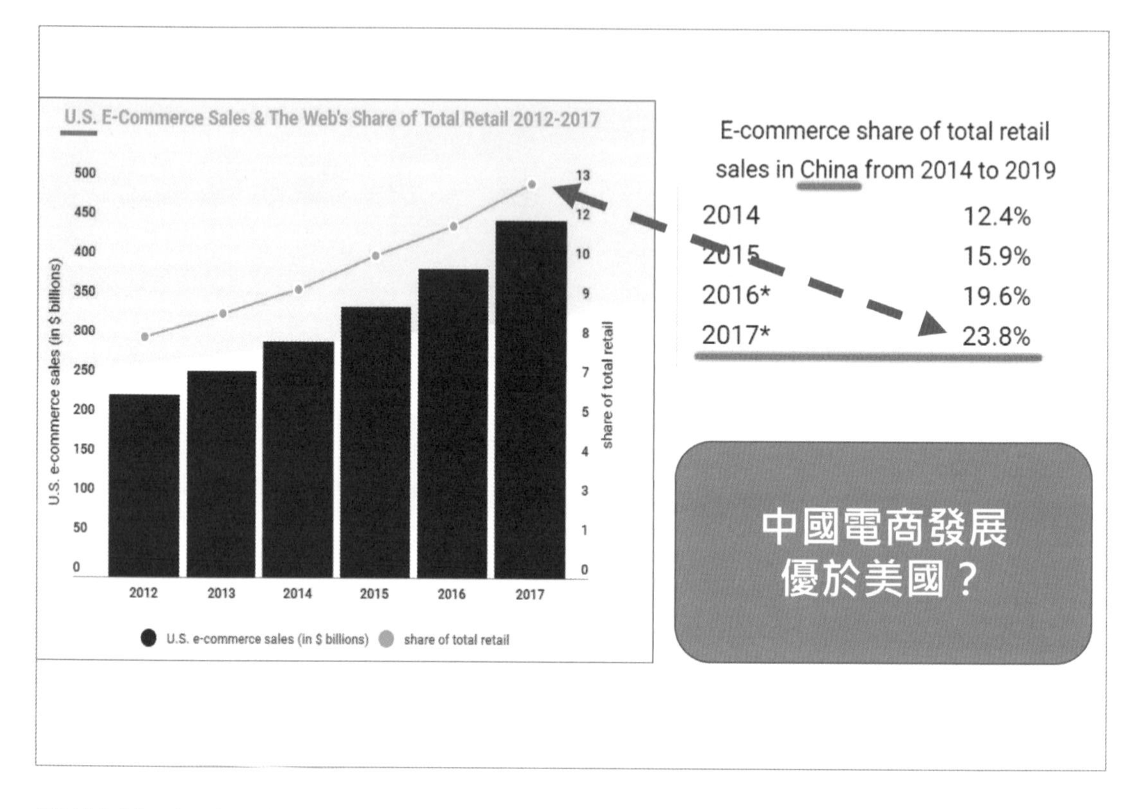

雖然近年來電子商務的聲勢浩大，不過要徹底改變消費習慣卻還有很長的路要走，以下是 2 個重要的因素：

- 消費者習慣、消費者對網路購物的信任度。
- 商品配送所需的物流設施建構，需要更多的資金與時間投入。

以目前全球最大 2 個經濟體而言，2017 年美國線上商務僅占整體商務的 12%，而中國達到 23.8%，因此線下銷售還是目前市場的消費主流，因此電子商務企業急於藉由 O2O 來增加銷售。

由上面數字解析容易產生誤解：「中國電子商務發展比美國繁榮、先進」，我的解讀是：美國人生活富裕，消費者的購買品項中，有較大的比率是奢侈品，偏向於線下市場消費模式，也就是俗稱的「血拚 Shopping」，因此在電子商務的銷售比例上低於中國。

何謂商務 Commerce ？

電子商務所涉及的範圍相當廣，首先當然是消費者所構成的「市場需求」，接著是工廠的「生產製造」，把商品配送到消費者家中更需要仰賴「物流運輸」，面對消費者對於生活品質要求的提高，廠商更要煞費苦心，不斷以「創新的商業模式」來滿足消費者日喜新厭舊的消費習性。

有交易就必須課徵「消費稅」，國家發展才有源源不斷的資金注入，有市場便必須有規範，才能維持市場的正常運作，因此「租稅立法」是商務發展根基，在全球化的演進下，「國際貿易」型態已是商務的基本模式，資本市場無國界更使得企業「籌資」效率大增。

由於商務規模快速膨脹，因此商務電子化、自動化、網路化也跟著蓬勃發展，在市場快速需求的推波助瀾下，「科技創新」更成為所有企業商務發展的競爭利器，Amazon 更是其中翹楚！

何謂電子 Electronic ?

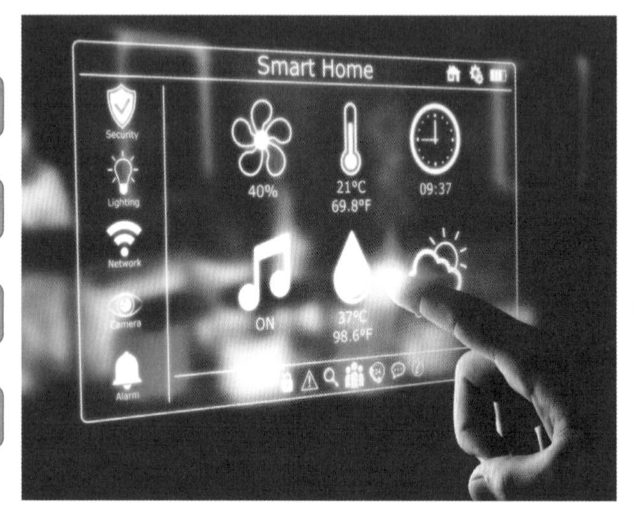

電子代表科技，在本教材中便是自動化的代名詞，將科技應用在電子商務中，原始目的當然是提高作業效率，但後來卻產生了創新商業模式的重大貢獻。

商業自動化目前成效如下：

　　產品自動化：例如 → 冷氣機感應室溫變化，自動啟動。

　　商務自動化：例如 → 自動販賣機、自動補貨系統、無人機配送系統。

　　生產自動化：半自動生產系統、全自動無人關燈工廠。

　　監控自動化：人臉辨識、指紋辨識、環境偵測（溫度、壓力、濕度）。

隨著通訊技術快速發展，社群軟體幾乎控制了所有人的生活，各大企業更是針對社群經營，發展出各式各樣的創新行銷與商業模式，IOT 物聯網讓萬物資訊皆上傳雲端資料庫，消費者透過行動裝置的所有行為都被載入雲端，消費者行為模式被廠商完全掌握，利用 AI 人工智慧加以分析後，更推出量身訂做的個人尊榮服務。

何謂電子商務 EC ?

17 世紀工業革命，人類生產以機器取代人力、獸力，以大規模的工廠生產取代個體工廠，隨後更產生以下的自動化作業革命：

電子時代	利用電子裝備感應或偵測環境變化，提高自動化作業。
通訊時代	遠距離隔空傳輸資料，為日後的網路時代揭開序幕。
網路時代	利用網路讓電腦、人全部串連起來，達到資源共享、人脈共享。
物聯網時代	利用通訊設備讓萬物聯網，雲端資料庫所蒐集的萬物資料，讓企業打通任督二脈，決策、行銷、銷售行為變得通透有效。

生活的改善不僅止於生產、銷售，在開發國家中，服務項目與服務品質更是企業爭取消費者認同的利器，例如：客製化貼心服務與行銷、快速完善的商品配送、完整順暢的售後服務，這一切都必須仰賴：網路、雲端資料庫、人工智慧的完美配合！技術專利、產業規格制訂話語權都是今日企業競爭的護城河，不斷的資本投入科技研發，才能確保企業與國家的競爭優勢。

電子商務＝3 流＋1 流

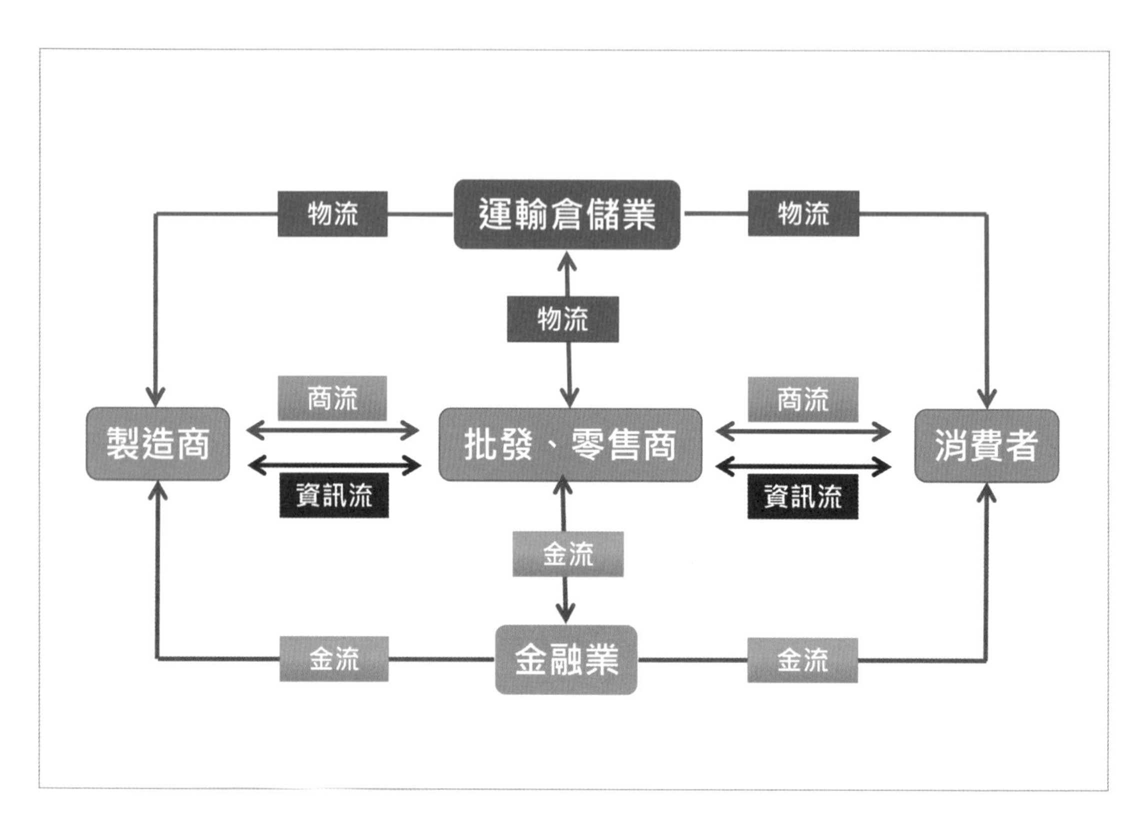

電子商務實際操作參與者：

第一線：製造商 → 零售（批發）商 → 消費者

第二線：負責金流的金融業、負責物流的運輸倉儲業

行銷活動產生商流、下訂單產生資訊流、付款產生金流，這 3 流透過網路與通訊，近年來作業效率與品質獲得大幅的提升。

物流仰賴大規模的實體建設，包括：物流中心、物流點、倉儲設備、交通建設，自動化作業系統，這些都必須大量資本投入且曠日廢時，必須一步一腳印去實現。

Amazon、Alibaba 這兩個電子商務巨頭，也投入大量企業資源提升商品配送效率，在電商全球化的發展趨勢下，跨國物流能力更是這些企業大鱷，全球攻城掠地的法寶。

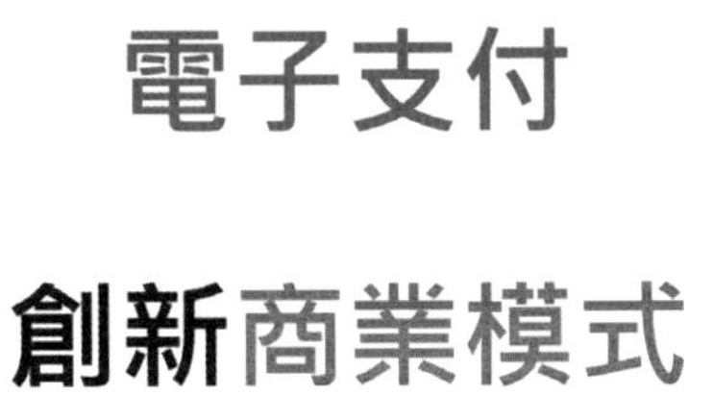

到了中國第一個感受就是「無現金」，所有消費都靠一支手機，所有商店門前都掛著、擺著 2 個 QR Code：支付寶、微信支付。

所有消費者的消費紀錄都上線了，企業更了解消費者的消費行為、偏好，因此商品行銷、廣告做得更到位、更及時，為每一位消費者作量身的客製化服務更是輕而易舉。

在龐大商機的驅使下，網路行銷、社群行銷的新商業模式如雨後春筍般地一一冒出：紅包、揪團、併單、…，人脈在網路環境下獲得十倍、甚至百倍的擴張，由人流產生的商流更是產生爆性的發展。

電子支付

美國PayPal：1998　中國支付寶：2004　台灣：2015公布實施

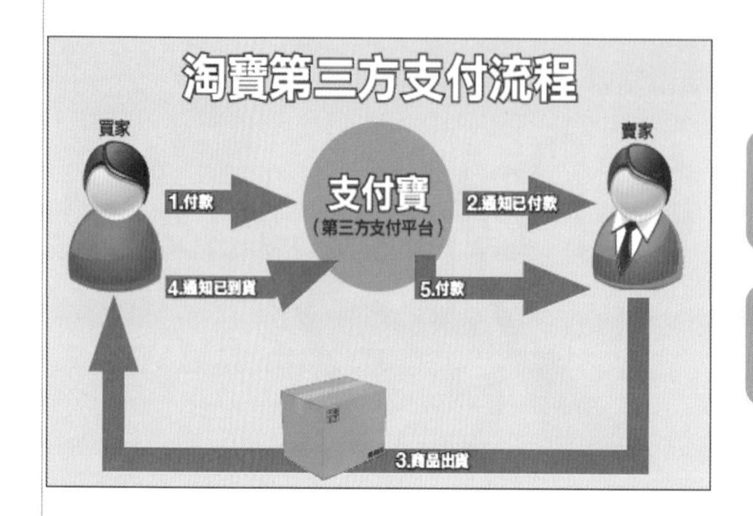

中國電子支付進步的另一種說法...

台灣電子支付落後的另一種說法...

美國的 PayPal 創始於 1998 是全世界第一個電子支付，中國在 2004 年 Alibaba 電商推出支付寶，台灣一直到 2015 年才由官方公布法令，正式核准電子支付，電子支付的核心價值在第三方支付平台，其精神在於落實網路交易的「人貨兩訖」，降低網路交易詐騙與糾紛的風險。

台灣電子支付落後全球主要有 2 個因素：

A. 實體商店發達、金融機構（提款機）密度高，因此現金使用十分便利，搭配信用卡、悠遊卡等塑膠貨幣，使得電子支付在台灣是沒有絕對的需要性。

B. 台灣經濟起飛加上政治解嚴，30 年來 2 黨政客綁架立法院，民生法案陷於空轉，電子商務企業無法從事電子支付產業。

通訊軟體＋第三方支付

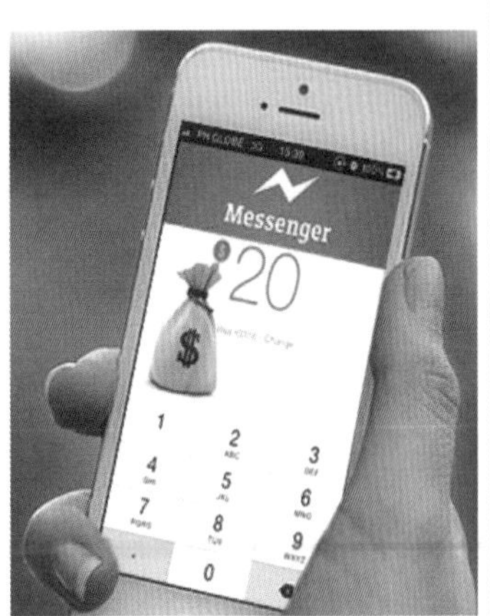

為什麼信用卡在中國並不火紅？

中國電子支付突飛猛進的因素：

A. 國家經濟發展速度太快，國土幅員太大，實體建設跟不上，尤其是 3、4、5 線城市，因此產生許多弊病，例如：偽鈔、提款機數量、質量不足，因此使用現金在商業交易中非常不方便。

B. 中國由貧轉富的速度太快，信用體系還來不及建立，因此信用卡等塑膠貨幣並不普及。

電子支付的出現成為解決以上問題的絕佳方案！除了解決支付問題，電子支付更將消費緊緊的黏貼於手機上，行動商務、社群商務更因此乘勢崛起。

微信、支付寶目前在中國都還是採取補貼經營的模式，又因為採取銀行帳號直接扣款銀行並沒有經營風險，因此交易手續費極低，反觀信用卡，銀行要求較高的交易手續費，因此一般商店根本不接受信用卡付帳。

中國電子支付

信用卡：銀行帳戶不需有錢，先消費後付款，或先消費後負債。

現金卡：銀行帳戶中必須有錢，由帳戶扣款消費。

中國的電子支付雖然普及度相當高，更有 14 億人口，但全世界無現金排名卻只列在第 6 位，原因是因為在中國，電子支付之外的塑膠貨幣並不普及，而在開發國家中，支付工具是相當多元的，所以遊客到上列國家去旅遊、商務都是非常方便的，但到了中國，遊客下機落地，若沒有先完成「手機帳號申請 + 銀行帳戶綁定」，是無法使用電子支付的，因此電子支付對中國百姓相當方便，對外來人是卻是完全不方便。

時間！一個國家的崛起，社會的進步是需要時間的！

討論：信用對商業發展的利、弊

傳統教育、傳統觀念中，「勤儉持家、量入為出」是一般人堅信不疑的信條，信用卡卻是鼓勵先消費後付款，這種東西當真十惡不赦嗎？

當國家經濟不振時，民眾對未來的前景感到憂慮，就自然會縮緊支出，人人不花錢就會導致人人賺不到錢，經濟更進一步惡化，產生惡性循環！這時；政府就會率先發行公債，舉債投入大型公共建設，企圖點火經濟，讓民間企業賺到錢後，也相繼增加投資，進而擴大就業、增加民間消費，產生良性循環。

美國只有 3 億人口，卻是全世界最大消費國，政府採取低關稅，讓全民享受低價進口物資，鼓勵民間消費與投資，整個國家處於經濟的良性循環，因為這種先進的經濟思考，吸引全世界一流企業到美國投資，創業家更是蜂擁而至追逐美國夢（American Dream），資本家也在這片樂土上篩選絕佳的投資創意，源源不斷的資金、人才、創意投入，美國成為全球唯一霸權！

法規 vs. 產業發展

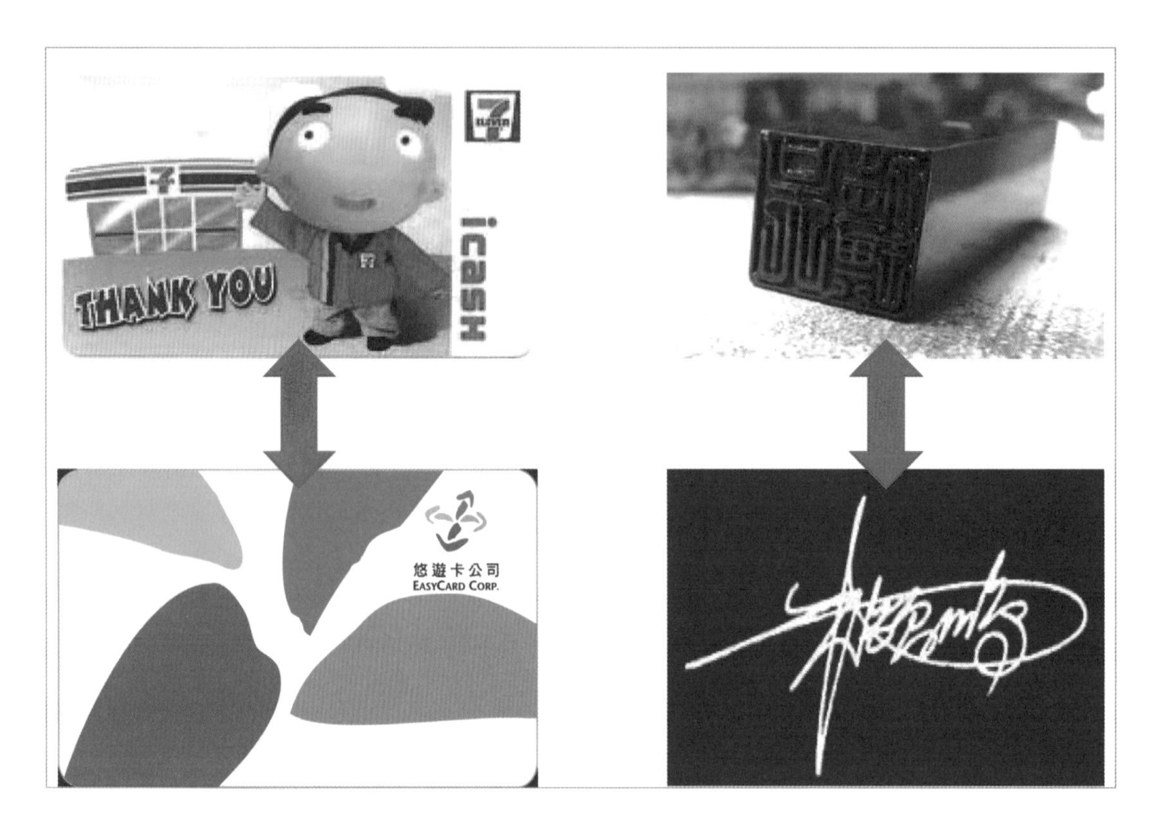

台灣電子支付發展落後，最主要原因在「法規」。台灣悠遊卡成功的最主要助力也是官方背書，讓悠遊卡成為準官方塑膠貨幣，產業發展若無法源或缺少政府的支持，將寸步難行。

台灣推行民主政治幾十年了！立法院卻依然淪為政治秀場，立法委員素質也不見提升，因此立法效率與品質低下，儼然成為經產業發展的絆腳石。

筆者 30 年前到美國讀書，第一次知道在美國銀行提款不需要圖章，簽名即可，那台灣為什麼一定要用圖章呢？假設官方的理由成立…，那日後為何又接受使用簽名即可呢？原因很單純！公務員沒擔當、立法院沒素質！

教育是國家進步的根源，如果父母從小教導小孩子：「當公務員生活安定、鐵飯碗」，所有公務人員都是養老一族，那國家如何能進步？學學新加坡政府：「一流的素質一流的薪水」，政府官員應該做的是：「帶著百姓往前衝」，但立法若無法保障公務員，又有誰願意拼命呢？

習題

( ) 1. 以下哪一個項目不是行動商務的特徵？

(A) 線上揪團消費　(B) 手機不離身
(C) 客製化個人服務　(D) 購物殺價

( ) 2. 以下哪一個項目錯誤？

(A) 黑色星期五是美國國定假日
(B) 超級星期一是美國網購日
(C) 光棍節是 11 月 11 日
(D) 1111 是中國網購日

( ) 3. 美國網路交易免稅法案何時廢止？

(A) 2008　(B) 2013
(C) 2018　(D) 尚未廢止

( ) 4. 有關購物的敘述，以下哪一個項目是錯的？

(A) 網路購物較大滿足物質需求
(B) 家人假日血拚偏向理性採購
(C) 實體購物比較有臨場感
(D) 網路物購偏向理性消費

( ) 5. 哪一家公司是目錄郵購創始者？

(A) Amazon　(B) Sears
(C) Walmart　(D) Alibaba

( ) 6. 什麼原因導致 Sears 破產倒閉？

(A) 經濟不景氣　(B) Walmart 崛起
(C) 面對環境改變的不作為　(D) 被同業陷害

( ) 7. 有關 2017 年的敘述以下何者是正確的？

(A) Walmart 市值高於 Amazon
(B) Walmart 營業額高於 Amazon
(C) Amazon 崛起是運氣
(D) Walmart 地位無可撼動

(　) 8. 以下有關 Costco 好事多的敘述，哪一項是錯誤的？
(A) 是一家以電子商務為主的公司
(B) 堅信物美價廉的理念
(C) 經營受到電子商務崛起影響
(D) 價格非常便宜

(　) 9. 以下有關美國量販店的敘述，哪一項是錯誤的？
(A) 大包裝商品折扣高
(B) 消費者多半開車前往
(C) 消費者大多一星期採購一次
(D) 消費者偏好小包裝商品

(　) 10. 以下有關體育賽事轉播的敘述，哪一項是錯誤的？
(A) 會擴大體育人口　(B) 買票進場人數會減少
(C) 美國職業賽事門票很貴　(D) 現場看比賽比較嗨

(　) 11. 以下有關新零售的敘述，哪一項是錯誤的？
(A) 是馬雲提出的主張　(B) 讓阿里巴巴市值大幅提高
(C) Amazon 不懂新零售　(D) 建構以消費者為中心的市場

(　) 12. 零售業經營模式 4 次變革：1. 百貨商店　2. 超級市場　3. 連鎖商店　4. 無人商店，以下哪一個項目排列順序是對的？
(A) 1324　(B) 1234
(C) 3214　(D) 2134

(　) 13. 以下有關新零售的 4 個具體目標，哪一項是錯誤的？
(A) 利潤 → 更高　(B) 品項 → 更多
(C) 速度 → 更快　(D) 產品 → 更好

(　) 14. 以下有關虛實整合，哪一項是錯誤的？
(A) 簡稱 O2O　(B) On-Line 適用於引流
(C) Off-Line 適用於體驗　(D) Off-Line 適用於行銷

(　) 15. 以下對於企業的敘述，哪一項是錯誤的？
(A) 阿里巴巴是電子商務起家　(B) 京東是物流起家
(C) 家樂福是量販店起家　(D) 騰訊是物流起家

(　　) 16. 以下對於企業結盟的敘述，哪一項是錯誤的？

(A) 大潤發被阿里巴巴併購　(B) 蘇寧易購與阿里巴巴結盟
(C) 騰訊與阿里巴巴結盟　(D) 騰訊與 Walmart 結盟

(　　) 17. 以下有關 Amazon 的敘述，哪一項是錯誤的？

(A) 併購 WholeFood　(B) 開發無人超市系統
(C) 是一家純電子商務公司　(D) 是一家科技創新公司

(　　) 18. 以下有關 Walmart 的敘述，哪一項是錯誤的？

(A) 是全世界最大電子商務公司
(B) 致力於推展 O2O 整合
(C) 多數訂單可在 2~3 小時配送到家
(D) 全美有 4600 個銷售據點

(　　) 19. 以下有關線上、線下銷售的敘述，哪一項是正確的？

(A) 美國線上銷售比例高於中國
(B) 中國電子商務發展比較先進
(C) 目前線上銷售已是主流
(D) 美國線下實體商務比中國成熟

(　　) 20. 以下有關電子商務的敘述，哪一項是正確的？

(A) 就是上網賣東西　(B) 與物流有很緊密的關聯
(C) 不涉及科技創新　(D) 與租稅立法無關

(　　) 21. 以下有關電子商務的敘述，哪一項是錯誤的？

(A) 電子代表科技
(B) 自動販賣機屬於商務自動化
(C) 不要自動化就可降低失業率
(D) 人臉辨識屬於監控自動化

(　　) 22. 自動化革命 4 個時代：1. 通訊時代　2. 電子時代　3. 物聯網時代　4. 網路時代，以下哪一個排列順序是正確的？

(A) 1234　(B) 2143
(C) 2134　(D) 4123

(　　) 23. 以下敘述何者錯誤？

(A) 阿里巴巴是全世界最大電商
(B) Amazon 致力於電子商務全球化
(C) 電子商務的最後一哩路是物流
(D) 三流的順序：商流 → 資訊流 → 金流

(　　) 24. 以下敘述何者錯誤？

(A) 到中國第一個感受就是「無現金」
(B) 現金消費在中國很受歡迎
(C) 微信支付在中國最普遍
(D) 中國消費大多使用手機

(　　) 25. 有關電子支付，以下敘述何者是正確的？

(A) PayPal 是全世界第一家
(B) 中國電子支付比台灣進步
(C) 台灣電子支付很發達
(D) 支付寶是 Alibaba 推出的

(　　) 26. 以下哪一個項目，是電子支付在中國快速發展的原因？

(A) 實體建設跟不上經濟發展
(B) 偽鈔問題太嚴重
(C) 提款機數量太少
(D) 以上皆是

(　　) 27. 有關電子支付，以下敘述何者是正確的？

(A) 中國是全球無現金國家之首
(B) 使用現金卡必須帳號中有存款
(C) 中國使用信用卡非常普遍
(D) 中國電子支付對外國遊客很方便

(　　) 28. 有關信用卡，以下敘述何者是正確的？

(A) 使用信用卡是不好的習慣
(B) 先進國家鼓勵使用信用卡
(C) 中國是全球最大消費國
(D) 經濟不景氣大家應該縮衣節食

(　　) 29. 有關台灣電子支付落後全世界，以下敘述何者是正確的？

(A) 立法延宕
(B) 電子商務業者不喜歡
(C) 沒有實質效用
(D) 圖利廠商

CHAPTER

2

商務概論：品牌、行銷

人是一種習慣的動物，多半安於現狀、習慣舊東西、相信既有的印象，因此所有的商品一旦有了歷史，給消費者留下良好的印象後，就具備品牌競爭優勢。

品牌可分為許多不同的層次，舉例如下：

地　　區：歐洲的藝術、時尚是全球最棒的。

國　　家：美國是國力最強大的國家。

產　　業：韓國的家電產品是性價比最高的。

企　　業：Amazon 的商品永遠是最低價。

產 品 線：幫寶適的嬰兒用品品質最好。

個別商品：冰館的芒果冰太好吃了。

行銷活動對於不同企業的 3 種應用：新產品 → 建立品牌、沒落的產品 → 重建品牌、當紅的商品 → 強化品牌，McDonald、Coke、Nike 都是全球最佳企業，更是以行銷為競爭策略工具的企業。

會計部門的人說：「財務」很重要，資訊部門的人說：「資訊系統」很重要，總務部門的人說：「資產管理」很重要，其實…，若公司沒訂單…，所有部門都不重要！除了「行銷」、「銷售」部門是第一線的戰鬥部隊外，其他部門都是後勤支援單位，別不服氣，這是鐵一般的事實！

「行銷」和「銷售」是兩個鐵一般的哥們，行銷又可稱為前期銷售，用以溫暖消費者的心，打開消費者的心防，燃起消費者的慾望，甚至創造消費者的需求。

很多社會新鮮人排斥「業務」性質的工作，怕業績壓力，殊不知；唯有壓力才能令人成長，唯有站在第一線才能體察消費市場，感受消費者的需求，缺乏這樣的歷練，是不可能爬升至高階管理職的，學管理、學商業卻不敢從商，這樣的人生注定是黑白的！

 Marketing

以物易物的行為讓人類開啟了專業分工的時代，市集的出現讓物品交換效率大幅提升，隨著時代的進步，市集演變為商店 → 商店街 → 百貨公司 → 大型賣場 → 連鎖超商 → 網路商城，無論市集的型態如何改變，其核心功能仍然是物品的交換只是交換的過程變得較為細膩：行銷→銷售→售後服務。

行銷是個外來名詞，原文為 Marketing，這個翻譯不夠傳神，若按照字面翻譯為「市場學」：研究市場中持續變動行為的一種科學，便親民多了！

行銷的定義？

以銷售為目的...

向客戶傳遞
商品價值
的一連串活動！

行銷又稱為前期銷售，所以行銷必須是以「銷售」為目的，為了讓消費者能在日後產生購買行為，公司企業會推出一系列的活動，例如：廣告、折扣、集點、明星代言、產品說明會、公益路跑、…，這一切都是行銷活動，其目的就是將「產品」、「企業」的價值傳遞給消費者。

有的活動直接以廣告訴諸「性價比」，強調便宜又大碗，有些活動文謅謅的，主打企業公益形象，有些很技巧地找第三方公正人士代言，其實…，不管哪一種方式，都是要消費者乖乖地掏出錢來，購買企業所販售的商品或服務。

生活中常見的行銷活動？

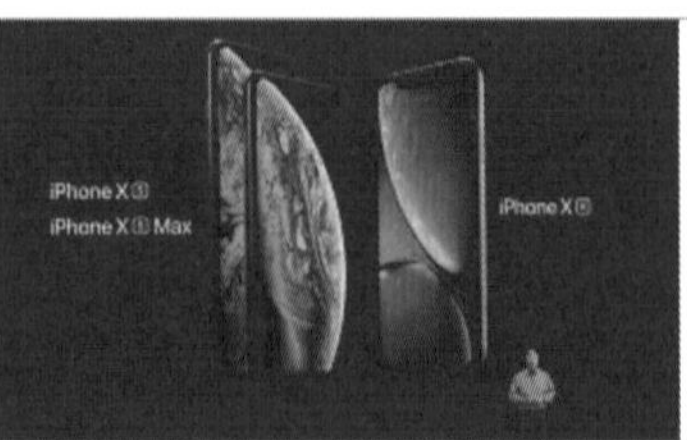

週　年　慶：一年幾次？年中慶…年終慶…母親節…情人節…，天天慶！

折　　　扣：換季折扣、年終折扣、…，低價就是王道。

慈 善 義 賣：慈善真假無人知！但「賣」一定是真的！

產品發布會：最出名的 Apple 賈伯斯產品發布會，吸引全球消費者目光。

消費者報告：藉由第三方公正單位發表的產品評測報告，來傳遞產品價值。

叫　賣　哥：口條俐落、充滿趣味性的叫賣，是最傳統也是最富趣味的行銷。

產 品 組 合：以產品組合提高商品的性價比，並提高客單價。

比 賽 活 動：藉由贊助運動賽事提高企業知名度，是一種高端的行銷。

賣場商品介紹：產品介紹、討價還價，這些都是行銷的一環。

消費者需求 Consumer Demand

商場如戰場，「知己」是最基本的功課，從事行銷活動前，了解自家的商品：功能、成本、市場競爭、…，知己之後還必須「知彼」，深入了解市場、體察消費者偏好與需求，如此才能做到精準的市場定位。

上面的圖，有人看到番茄，有人看到紙袋，有人看到手臂，有人看到「100% ORGANIC」，ORGANIC = 有機 = 健康 = 優質 = 高價，因此必然是主打「有錢有閒」族群，所以產品的賣像必須精緻，賣場環境必須高檔，社會氛圍必須是健康！

消費者分類

- 四川人喜歡吃辣，因為四川氣候悶熱，吃辣後出汗會感覺涼爽。
- 藍領族飲食口味偏重，因為出汗多必須補充鹽分。

消費者需求隨著族群、地域環境、工作類別、工作階級、薪資高低會有明顯的差異，因此從事行銷企劃時，一定要充分考慮到：人、事、時、地、物。首先要「知己」，掌握自家產品、服務的特點，再來就要對目標市場進行充分的調研，針對目標消費者設計一系列的活動。

所有的廠商都會貪心的希望，整個市場不分男女老少都是他的消費者，這是不切實際的落伍思考，想要討好所有群體的結果就是誰也不受用，反過來；針對自家商品特性只瞄準某一特定族群，這樣的行銷企劃較能打動人心。

消費者要什麼 - 1

Coke：叫我第1名

韓流：歐爸...歐爸...

出國旅遊水土不服時，當地的飲食不習慣時，進入超商看著眼花撩亂的飲料貨架，第一選擇：Coke！為啥？親切 + 信任，這就品牌的威力，從小到大、無時無地，Coke 的廣告充滿在你我的生活，久而久之，Coke 就成為你的家人、朋友，深深烙印在每一個消費者心中。

歐爸…歐爸…，很多小女孩瘋了，更多的婆婆媽媽也瘋了，他們都在瘋韓劇，劇中男主角好「漂亮」，不只是漂亮、皮膚更是吹彈可破，比女人還漂亮，韓國政府大力扶植文化影視產業，大規模外銷韓劇，全球掀起一陣韓風，韓國商品更是趁此風潮大行其道，連韓國泡麵都風行全球。

消費者要什麼 - 2

蘋果：手機界LV

小米：窮人小確幸

一只 iPhone X 價格超過 $1,000（美元）儘管總銷售量降低了，但總獲利卻又提高了，因為毛利更高了！這就 APPLE 的市場策略，APPLE 的市場定位非常清楚，它的產品不是「電子」業，而是「時尚」業，APPLE 只瞄準高端市場，定位為手機界的 LV，因此產品造型：引領時尚，功能設計：前衛開創，產品品質：細膩高貴，價格真的很高嗎？果粉們覺得：「剛剛好而已！太便宜還顯不出身分！」。

市場上另一個對比：小米，強調產品的性價比、高貴而不貴，鎖定中產階級市場，產品設計採取簡約風，價格超平（貧）民，讓消費者在購買時幾乎不必考慮價格，同時卻也不用擔心品質太差、外觀太 LOW，它就是窮人的小確幸！

消費者要什麼 - 3

MIT：科技創新的搖籃

北大：中國第一學府

MIT 麻省理工學院是全球頂尖大學之一，因為 MIT 的科研成果改善我們的生活，機器人、人工智慧、…（掃地機機器人就是 MIT 的成果），全世界一流的學者、一流都學生都被吸引到這個一流學府，MIT 擺脫一般學校就是學術象牙塔的印象，將科研能量專注在產業、產品，更鼓勵教授、學生創業，因此成果豐碩，獲得全世界的掌聲。

相較於西方一流大學都是私立的，台灣、中國一流大學全部是公立的，用國家力量培植菁英，加上扭曲的文憑主義，社經地位較佳家庭的小孩，進入一流大學的機會相對高很多，這些所謂的菁英就是考試機器，卻缺乏創造力與冒險精神，對國家長遠的發展是不利的。

北京大學也是全球排名頂尖學校，學校科研成果必然也是十分豐碩，但卻鮮少聽聞這些成果可以融入我們的生活，也鮮少聽聞傑出校友創立國際知名企業，東西方一流大學成果對照後，高下立判，自由學風、多元發展才是利國強本之道。

消費者要什麼 – 4

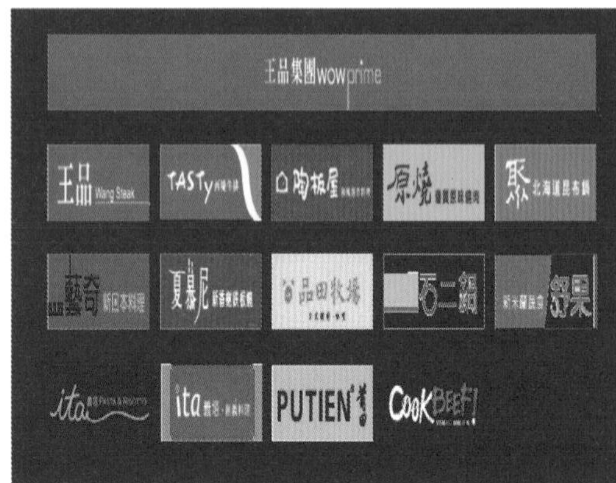

全聚德：我祖上就是作鴨的

王品：有錢沒錢都進來...

民以食為天，中華文化更是以吃為中心，北平全聚德的烤鴨也是華人生活中重要的一個點，歷史劇、時代劇中不斷出現以全聚德為背景的時代故事，讓觀眾看劇的過程中口水直流、飢腸轆轆，「Coke = 可樂」→「全聚德 = 烤鴨」。

台灣王品餐飲集團顛覆了我對於餐飲品牌與經營的概念！

- 價位：由 NT 218~1,300，跨越低收入、中收入、高收入所有族群。
- 國界：美式、日式、中式、歐式料理皆有。
- 種類：葷食、素食、輕食皆有。

品牌的開發完全以客為尊，鼓勵員工企業內創業，與員工分享企業經營成果，因此成就今日王品集團的企業規模。

消費者要什麼 – 5

TESLA：雙 B 就是個2

GOGORO：我是被 B 的

「富不過三代」為何成為真理？因為長久的成功會麻痺神經、使人喪志！

TESLA 是一個新創汽車品牌，一家純電動車製造商，它的 CEO 伊隆瑪斯克缺乏資金、沒有汽車製造背景與經驗，就因看不慣汽車產業發展牛步化，2003 毅然投入這個需要龐大資金、製造經驗的產業，2018 年全美高端車銷售擊潰雙 B，只花了 15 年就擊潰德國百年造車工藝。

台灣的 GOGORO 電動機車打趴了產業龍頭：光陽、三陽，瑞能創意公司 2011 年成立是一家研發電動機車電能管理系統的公司，它的系統被光陽機車拒絕了，B 不得已，只好下海研發製造電動車，不到 5 年時間，就將成立超過 50 年的產業巨人扳倒。

TESLA、GOGORO 的故事幾乎是一樣的，只是換了國家、換了產業，故事的視角稍微偏移一下：「富不過三代：雙 B」、「富不過三代：光陽」！

消費者要什麼 – 6

為何總是等不到後浪呢？

英雄就是寂寞...

MS Windows 於 1985 年問世至今已三十多年，目前全球市場上尚無對手，這個系統功能如此強大嗎？非也！除了系統漏洞百出外，「當機」更是使用者習以為常的共同經歷，雖然如此，它卻是市場上的最佳選擇，所有使用者幾乎都是從小就使用 Microsoft 系統及軟體，早期微軟對於落後國家的民間拷貝侵權，是採取放任態度，經過 20 年後，對所有教育單位提供團體優惠方案，其行銷策略就是從小紮根，所以學生進入職場後，理所當然地繼續使用 Microsoft 軟體處理公務，這時候，所有的企業就必須購買正式版權了。

三十多年來不斷有人提出自由（開放）軟體的概念，企圖打破 Microsoft 的全球壟斷局面，但結果是完全不成氣候，消費者當然喜歡免費軟體，但目前的自由軟體就如同一盤散沙，所發展出來的軟體在功能與系統的穩定度，與 Microsoft 軟體相比，還有一段不小的差距，因此不好用的免費軟體是沒有市場的。

消費者要什麼 - 7

直覺營銷的威力...

就是懂妳？

Nike 幾乎就是職業運動的代名詞，全球職業運動賽場的廣告牆永遠看到 Nike 的廣告標誌，長期支持職業運動賽事、邀請頂尖職業運動選手代言產品，讓 Nike 的品牌印象深植運動愛好者的心中，因此 Nike 所表的除了「運動」、「健康」之外，更是「時尚」的代名詞，因此穿 Nike 的運動服外出休閒、逛街都不失禮。

佳麗寶集團旗下品美妝品牌 KATE，主打 No more rules. 15 秒美妝新概念，對於生活節奏快速，工作壓力大的粉領族而言是一大福音，「化妝」在進步的都會辦公室已成為一種辦公室禮儀，如何快速有效率的上妝，也成為新職場女性的必修課題，因此「No more rules.」、「15 秒」這兩個訴求獲得年輕粉領族的青睞！

消費者要什麼 - 8

拚多多：揪團拚數量

好事多：低價就是王道

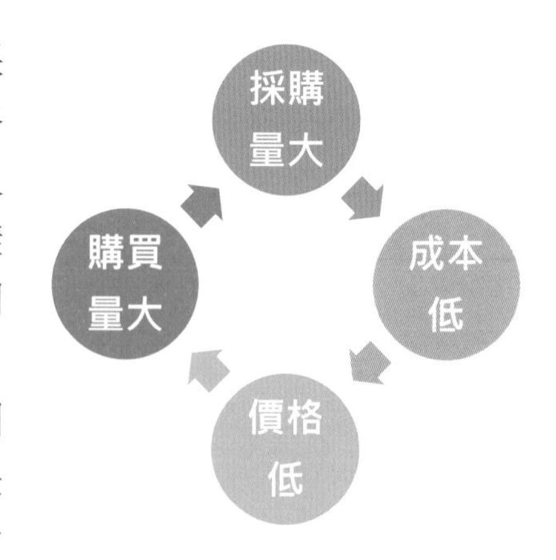

「低價」永遠是市場競爭的王道，採購數量少很難談到好價格，一旦採購數量變大了，那價格就好談了！所以，電子商務發展之前，很多人就會找朋友、親戚、同事揪團一起採購，這樣殺價就會比較有力道，到了電子商務時代，網路上揪團更是方便，朋友的朋友的朋友的…，大姑姑的二姨媽的三表姊…，都可以一起揪團買東西，人潮就是錢潮，「拚多多」的崛起就是網路拚團、拚單的商業模式，目標客戶鎖定對價格十分敏感的中國第三、四、五線城市居民，成功聚集 3 億會員，在美國華爾街 IPO 上市（首次公開發行）。

美國 Costco（好事多）標榜：物美價廉、會員制度，它的經營策略是採取全球大量採購模式，壓低進貨成本，回饋給客戶，形成如上圖的良性循環。

品牌價值
Brand Value

窮人重「實效」：

戰亂的年代，骨董字畫不值錢，一袋米可以換一個兒子，物資缺乏的年代，餵飽肚子是頭等大事，所以特別重視性價比。

富人講「情調」：

風調雨順的年代，人人豐衣足食，這時候就產生許多講究了：氣氛、情調、文化、禮儀，日子得過得十分講究，這時候的消費者就追求品牌、時尚、質感、服務。

好咖啡要和好朋友分享！喝咖啡聊是非！這是我們日常生活中常聽的兩句話，描述的就是閒情逸致，咖啡幾乎可以作為富裕指數，越富裕的國家，咖啡的平均消耗量越大！ Starbucks 就是這個時代咖啡的代名詞，消費者喝的是：品牌、以及品牌所帶來悠閒情懷。

品牌價值？

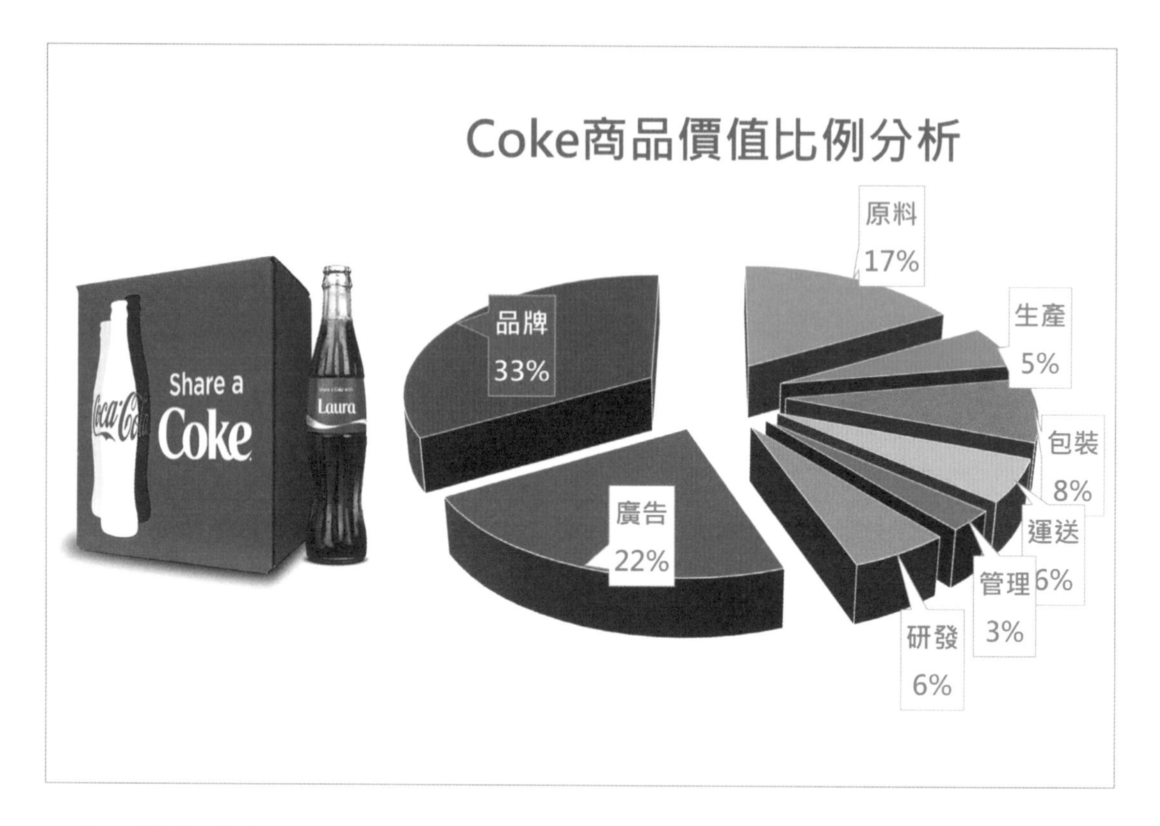

一瓶可樂價售價 NT 25，與產品有直接相關的：原料 + 生產只佔 22%，其餘的 78% 都是間接費用，這就是太平盛世、豐衣足食的體現，這樣物資氾濫的年代，消費者重視的當然就是情調，因此品牌成為行銷的重要工具，「Share a Coke.」，請注意包裝盒上這句廣告詞，一樣是與朋友、家人、同事「分享」的概念。

隨著健康飲食概念的興起，可口可樂也順勢推出 diet（低糖）、zero（零糖）的可樂，甚至開發非碳酸飲料產品與市場，同時在廣告戰當中投入巨資，呼應健康飲食的重要，這些變革都是貼近市場、消費者所產生的，因此時代雖然變了，但 Coke 的品牌形象在消費者的心中卻是永恆的！

請注意上圖！品牌（33%）+ 廣告（22%），居然佔產品價值的 55%，這是一家什麼樣的公司？有人說：「可口可樂的成功是因為可樂的神秘配方」，看了以上數據，你認為 Coke 的成功密碼是什麼呢？

品牌：巨大的財富

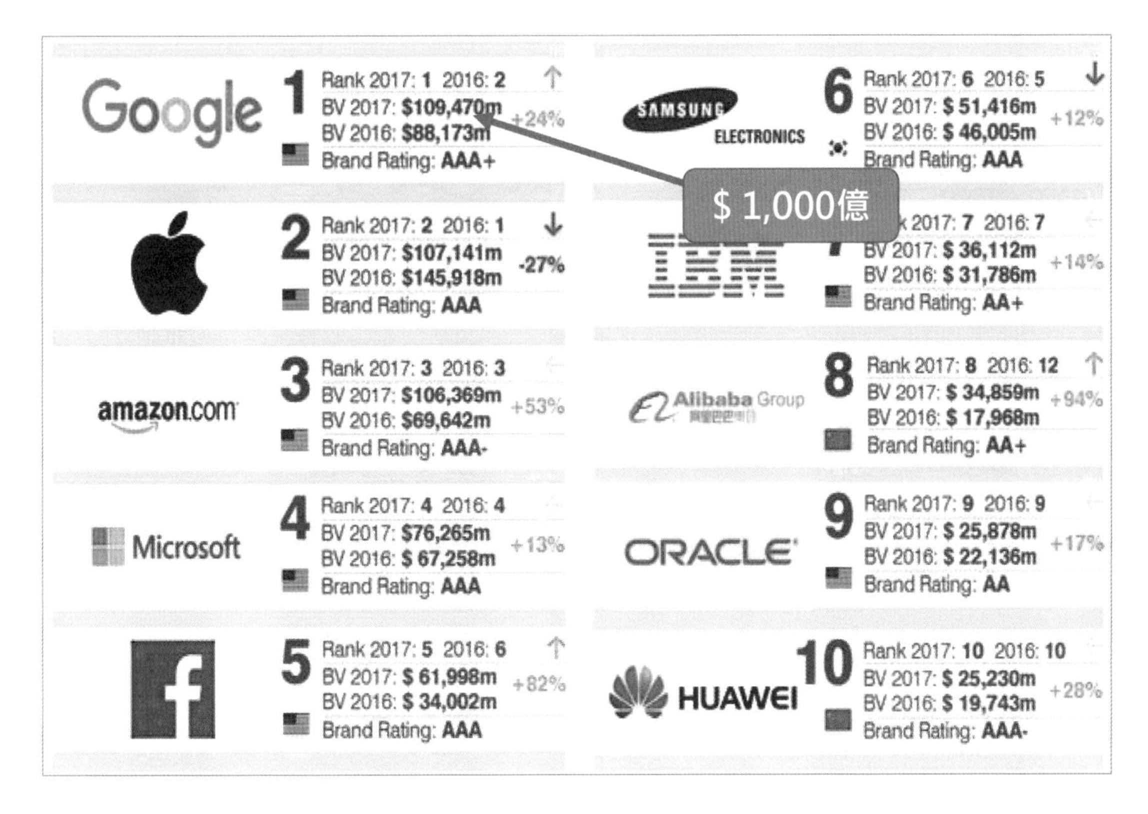

世界品牌實驗室（World Brand Lab）致力於品牌評估、品牌傳播和品牌管理，其專家和顧問來自美國哈佛大學、耶魯大學、麻省理工學院，英國牛津大學、劍橋大學等世界頂級學府，每年發佈的《世界品牌 500 強》排行榜。

世界品牌實驗室評價品牌影響力的基本指標包括：市場占有率（Share of Market）、品牌忠誠度（Brand Loyalty）和全球領導力（Global Leadership）。世界品牌實驗室經過長達半年對全球 3,000 個知名品牌的調查分析，根據品牌影響力的各項指標進行評估，最終推出了世界最具影響力的 500 個品牌。

請注意！上面資料：2017 年 1~5 名全部是美國企業，這就是美國國力的展現，最具創新、行銷能力的國家，而中國企業只有：阿里巴巴、華為分列第 8 名、第 10 名，韓國三星也只排在第 6 名。

台廠的品牌定位？

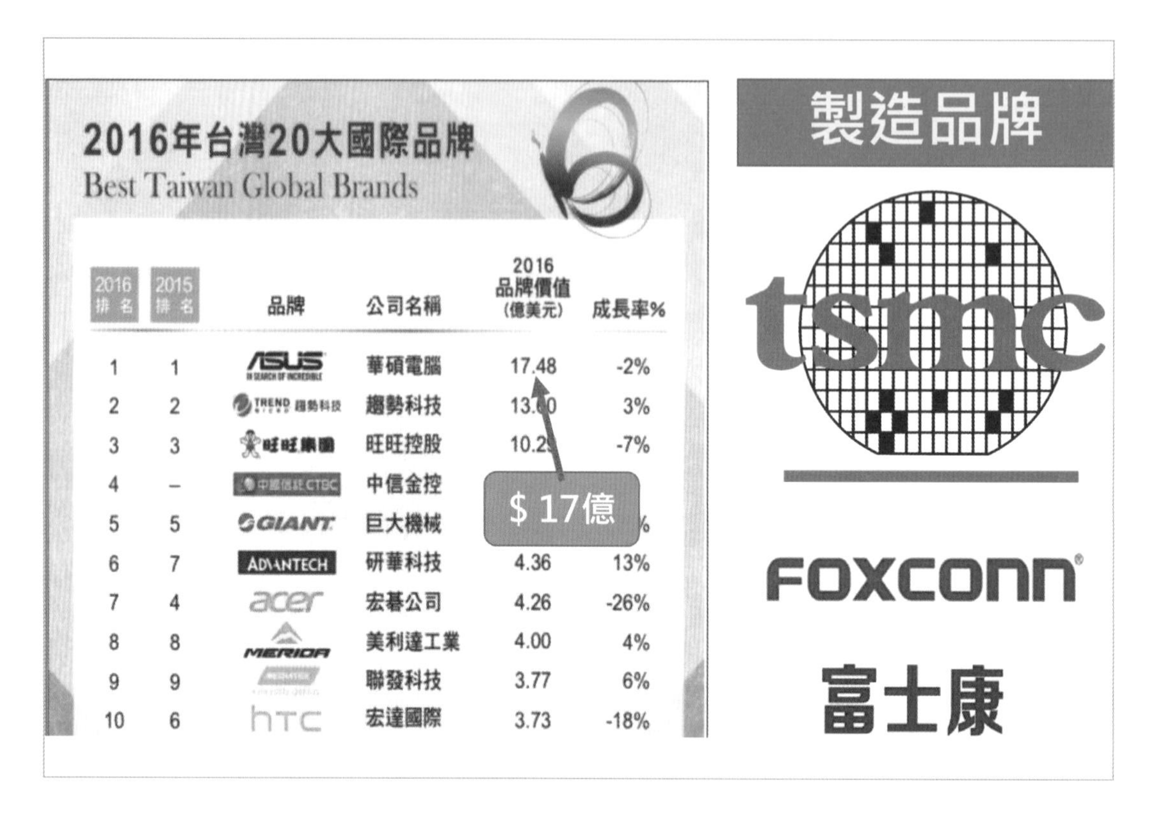

2016年台灣20大國際品牌
Best Taiwan Global Brands

2016 排名	2015 排名	品牌	公司名稱	2016 品牌價值（億美元）	成長率%
1	1	ASUS	華碩電腦	17.48	-2%
2	2	TREND 趨勢科技	趨勢科技	13.[illegible]0	3%
3	3	旺旺集團	旺旺控股	10.2[illegible]	-7%
4	–	中國信託 CTBC	中信金控	[illegible]	[illegible]
5	5	GIANT	巨大機械	[illegible]	[illegible]%
6	7	ADVANTECH	研華科技	4.36	13%
7	4	acer	宏碁公司	4.26	-26%
8	8	MERIDA	美利達工業	4.00	4%
9	9	MEDIATEK	聯發科技	3.77	6%
10	6	htc	宏達國際	3.73	-18%

華碩的企業 SLOGON（口號）：「華碩品質堅若磐石」，華碩是台灣電腦第 1 品牌：將華碩與 Google 的品牌價值做比較 → 17：1,000，蠻悽慘的。

有些人會提出一大堆的理由藉口，例如：國家太小、人口太少、…，引用一句鴻海 CEO 郭董的名言：「失敗的人找藉口，成功的人找方法！」，台灣今天的企業家是 30 年前的教育養成的結果：

- 偏重：英文、數學、物理、化學、…
- 偏廢：音樂、勞作、團體協作、人格養成、…

今天台灣就只有「製造業」，Made In Taiwan 曾經是我們驕傲。

TSMC 台積電是全球最大晶圓代工廠，在系統晶片的設計、製造工藝上獨步全球，Foxconn 富士康是全球最大電子產品組裝廠，這兩家企業都是台灣產業之光，台積電技術含金量較高因此毛利可達 40~50%，鴻海就是組裝業，強項在於生產效率及成本管控，因此毛利就只有 3~4%，物資缺乏的年代過去了，隨之而來的是自動化時代，只有不斷的創新、專注品牌經營，才能維持企業的競爭力。

中美龍頭企業大車拚

要投資就必須認識產業特質，更要預測消費的趨勢！

以下幾個考量點供大家參考：

A. 公司的專業領域？

B. 目前市場競爭的優勢、劣勢？

C. 國際化的程度？

D. 跨產業整合的能力？

E. 公司的創新力？執行力？

F. CEO、企業的誠信？

品牌故事

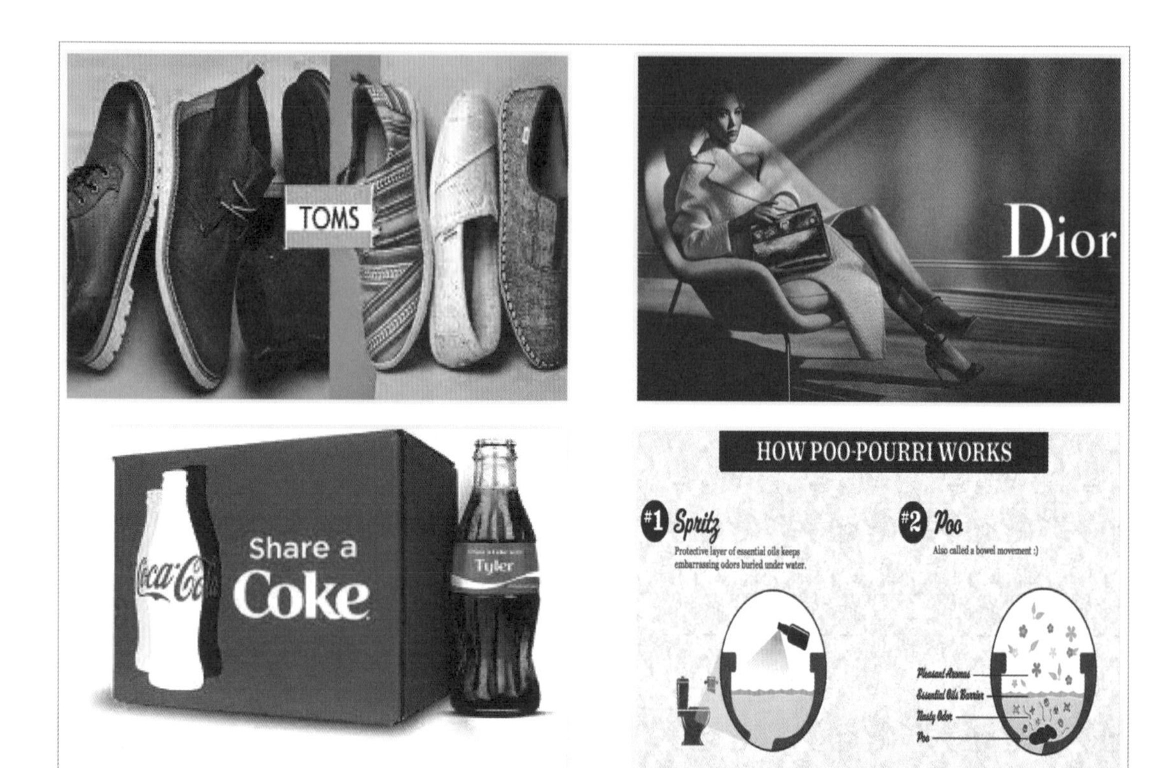

品牌的發展歷史、行銷策略、創新創意、…，都可以成為很棒的品牌故事，好的故事就會快速的傳播，再一次達到行銷的目的，加深消費者品牌印象。

TOMS	美國公益休閒鞋品牌，消費群體就是有錢有閒的人，這樣的群體對於社會公益的支持度是較高的，「你買一雙鞋，TOMS 捐一雙鞋」活動為企業樹立良好的品牌形象。
Coke	可口可樂經歷幾個世代的轉型，藥品 → 飲品（擴大消費族群）、改變包裝（易於運輸、販售）、成為軍需品（滲入全世界）、全球化經營、健康飲食概念，隨時緊貼社會的脈動，不斷變身，老品牌卻是新觀念！
Dior	掌握戰後復甦，女性消費者對於單調服裝厭惡，所崛起的時尚品牌。
POO-POURRI	廁所芳香劑，使人們不再因如廁後的氣味感到尷尬。

TOYOTA vs. LEXUS

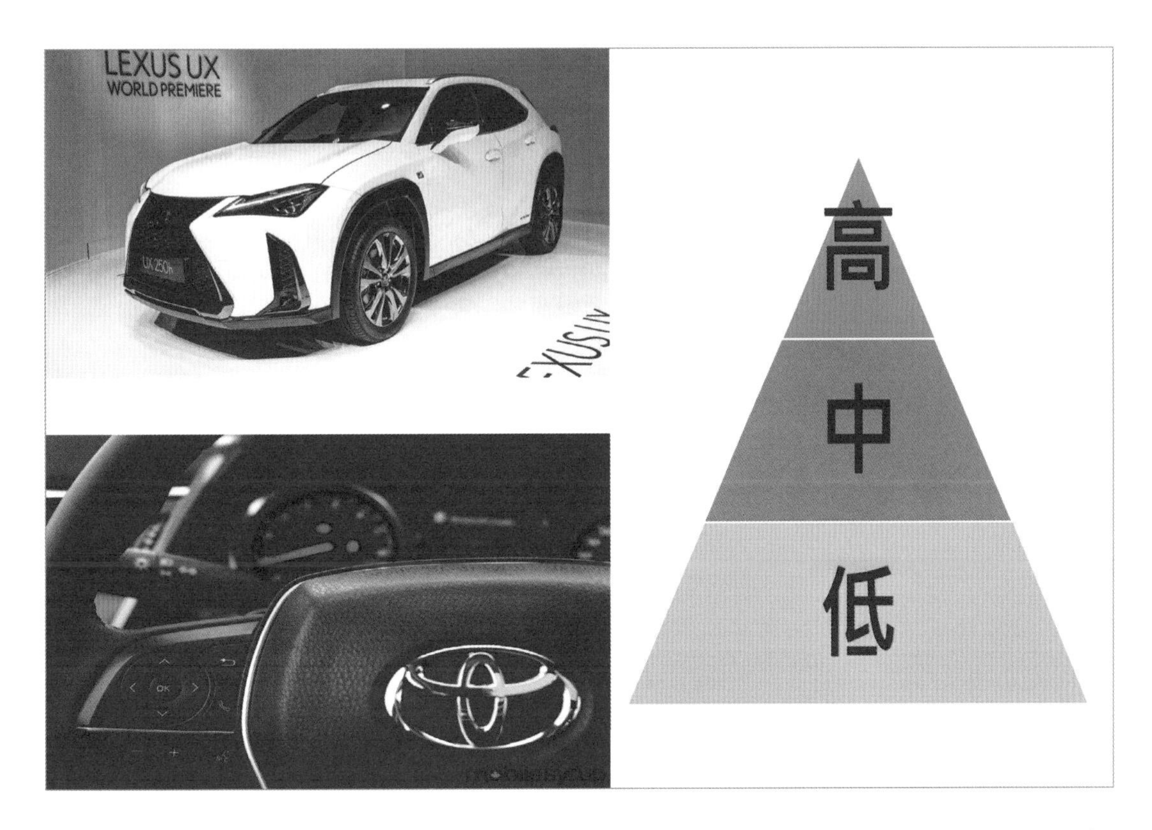

50 年代美國汽車工業獨霸全球，美國車舒適、豪華，70 年代接連爆發石油危機，多數美國人付不起高昂的汽油，因此日本節能小汽車找到切入口，成功打下全球市場，成為「窮人」的國民車，TOYOTA 就是代表的品牌！

能源危機過去了，豐田汽車在企業規模上、產品技術上也一躍成為國際大廠，但 TOYOTA 所代表的「窮人國民車」印記卻是很難抹去，雖然造車工藝已可媲美德系高階車廠，如：BMW、BENS，但 TOYOTA 這個品牌卻很難說服高階消費者，因為有錢人是不會開著與計程車畫上等號的車子！

豐田汽車另外建立 LEXUS 品牌，切入高端汽車市場，除了品牌改變，營業所、營業人員全部與 TOYOTA 作完全切割，讓消費者明確知道 LEXUS 是一個高端品牌。

行銷策略的制定步驟：

01	Understanding Customer	市場調研、瞭解消費者需求
02	Analysing SWOT	SWOT（優略勢）分析
03	Marketing Competition	找出產品的市場競爭力
04	Marketing Network	建立銷售渠道
05	Planning Marketing Mix	規劃產品行銷組合方案
06	Design & Execution	設計行銷方案並執行
07	Review & Revise	市場回饋與行銷策略更新

行銷 4P ?

行銷4P

Product　推出一個新產品
Price　根據市場制定價格策略
Place　將在哪裡販售
Promote　透過各種方式來促銷、推廣商品

傳統行銷 4P：

Product 商品	對於商品的規劃、設計、生產 一般教學會有 2 個重點：創新，品質卓越
Price 價格	價格有兩個：成本價、銷售價，兩者互相牽動 景氣蓬勃時：消費者追求奢華 景氣低迷時：低價才是王道
Place 通路	實體、線上、商城、百貨公司、精品店、路邊攤、直銷、…，一二線城市、三四五線農村。
Promote 推廣	所有可以讓消費者對：企業、商品增加良好印象，進而增加日後產品銷售的活動，例如：廣告、新品發表、銷售折扣、周年慶、公益活動、…。

傳統行銷 4P 的沒落？

公關宣傳成本較業界平均少80%

「盡信書不如無書、盡信師不如無師」，因為「書」、「師」所代表的都是過去的經驗，而時代、環境卻是不斷往前進的，對於多變的消費者而言，行銷更是需要日新月異。

Product	品創新是一種理想，實際的結果是 100 個創新 99 個失敗，一把品質精良的傘要價 2,000 元，儘管保證 20 年不會壞，在市場會有競爭力嗎？
Price	A 商家今天打折扣、明天 B 商家更低價、…，最後所有商家都無利可圖。
Promote	「週年」慶變成「季季」慶、「月月」慶，浮濫沒特色，人人可學的老把式。
Place	勤儉持家、Cost Down 的保守經營觀念，不願付高價的店租、高比率的業績抽成，當然將店開在阿里山店租最便宜，不過連山上的姑娘都下山，會有生意嗎？

ZARA 新 4P：平價的奢華

「奢華」不是有錢人的專利，沒錢的普羅大眾更愛奢華，因為慾望一直沒被滿足，ZARA 開創「平價奢華風」，讓小資族也能享受奢華的感覺，ZARA 的行銷 4P 更是顛覆傳統作法，創下客戶一年平均到訪 17 次的驚人紀錄。

Product	當下流行時什麼就賣什麼，完全複製 → 改良，不走引領時尚的路。
Price	1/4 ~ 1/10 的品牌貨售價，讓小資族心動更有能力行動。
Promote	一週 2 次新貨，一年 104 次新貨，吸引客戶上門的致命吸引力。
Place	101 大樓、…，所有門市都開在一級商業區，經營成本相當高，但滿滿的人潮代表是滿滿的錢潮。

ZARA 是與時間賽跑的時尚產業，掌握「流行」是這個產業的核心競爭力，投入龐大資本建立：自動化生產、物流系統，以高成本換取高時效，創造高毛利，顛覆傳統 Cost Down 的經營理念。

TESLA 行銷 3 部曲

1. 幹掉超跑

車型：Roadster
價格：10萬美金
年度：2008

2. 幹掉雙 B

車型：Model X、S
價格：7 萬美金
年度：2012、2014

3. 幹掉豐田

車型：Model 3
價格：3.5萬美金
年度：2016

Model 3開放線上預購創下40萬輛佳績

高爾夫球車、殘障人士代步車、婆婆媽媽買菜用摩托車、…，這就是大家對於「電動車」的既有印象，BENZ、BMW、AUDI、TOYOTA 全球各大車廠基於現有利益，不願積極投入新能源車的開發，因此造成 TESLA 的崛起，平價 Model 3 開放線上預約居然創下 40 萬輛的銷售佳績。

行銷第一部曲	推出 10 萬美元的 Roadster，專門挑戰超級跑車，0~100 公里加速只需 1.9 秒，徹底扭轉「電動車」馬力不足的偏見。
行銷第二部曲	推出 7 萬美金的 Model X、Model S，舒適、豪華、科技感專門挑戰雙 B。
行銷第三部曲	推出 3.5 萬美金的 Model 3，以平民價格讓電動車可以普及化，順利地讓汽油車退出市場。

這是多麼縝密的戰略思考，這不只是經營一家企業，更是經營一個產業，CEO 伊隆瑪斯克說：「如果別的車廠所製造的電動車優於 TESLA，TESLA 就算是破產也沒關係」，這是一份自信，更是無私的胸懷。

經典行銷創意

你愈生氣，Snickers就愈便宜！

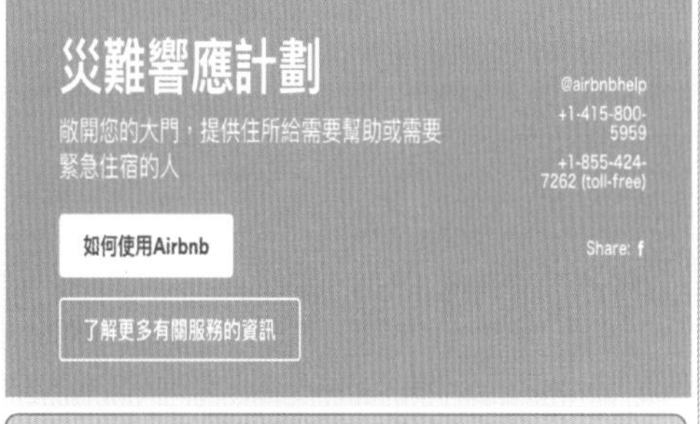

如何發揮品牌精神？

沒有網路也可以使用Google

不打斷球賽的廣告

Snickers	血糖降低容易使人發怒，Snickers 搜尋網路文章，根據文章內容統計當下人們的憤怒指數，一旦憤怒指數提高了，Snickers 的售價就降低，並與超商結盟執行此行銷方案，成功的將產品與消費者生活作結合，並產生話題。
Airbnb	美國龍捲風造成重大災難，許多災民無家可歸，Airbnb 發起免費提供災民住宿的善舉，將企業產品與社會救助、公益形象畫上等號，是完美的行銷案例。
Google	Google 這個網路龍頭，發揮人飢己飢的精神，研發電話語音查詢系統，讓無網路可用的人們可以使用電話，以語音查詢網路資訊，10 年後 20 年後這些國家有網路了，Google 就是第一品牌。
Walmart	電視廣告希望吸引觀眾目光，但精彩的時刻被廣告中斷是很掃興的，Walmart 將特價商品價格標示在球員的球衣上，完全不打擾觀眾的球賽欣賞。

介紹一支

最佳廣告

各位讀者，向我們推薦一支令你印象深刻的廣告！

告訴我們：

- 令你印象深刻的賣點是什麼？
- 這個印象深刻的賣點會吸引哪一個族群的目光？
- 吸引眼球 = 增加營收嗎？

成熟的市場競爭激烈，因此毛利很低，生意難做，迫使很多企業走上創新的路，只有創新才能擺脫競爭對手的糾纏，沒有競爭的情況下，才能享受高額利潤，但創新不只是一個新的想法、新的產品、新的服務而已，若是缺乏阻止競爭者加入競爭的資金門檻、技術門檻，人人皆可模仿、複製，那就一點效益也沒有。

很多魯蛇看到別人成功後就會說：「這個 idea 我 10 年前就有了…」，這個社會最不缺的就是 idea，如何有效落實才是真功夫，也就是執行力的展現！

將一個 idea 變成一個成功的方案，必須具備以下 3 個要素：

A. 縝密的計畫：可以減少犯錯，降低時間、資金成本，增加成功的機率。

B. 堅強的意念：過程中充滿困難與未知，唯有堅強意念可以撐過難關。

C. 充足的資金：沒有良好的財務計畫，一切都是空談！

經營績效的指標？

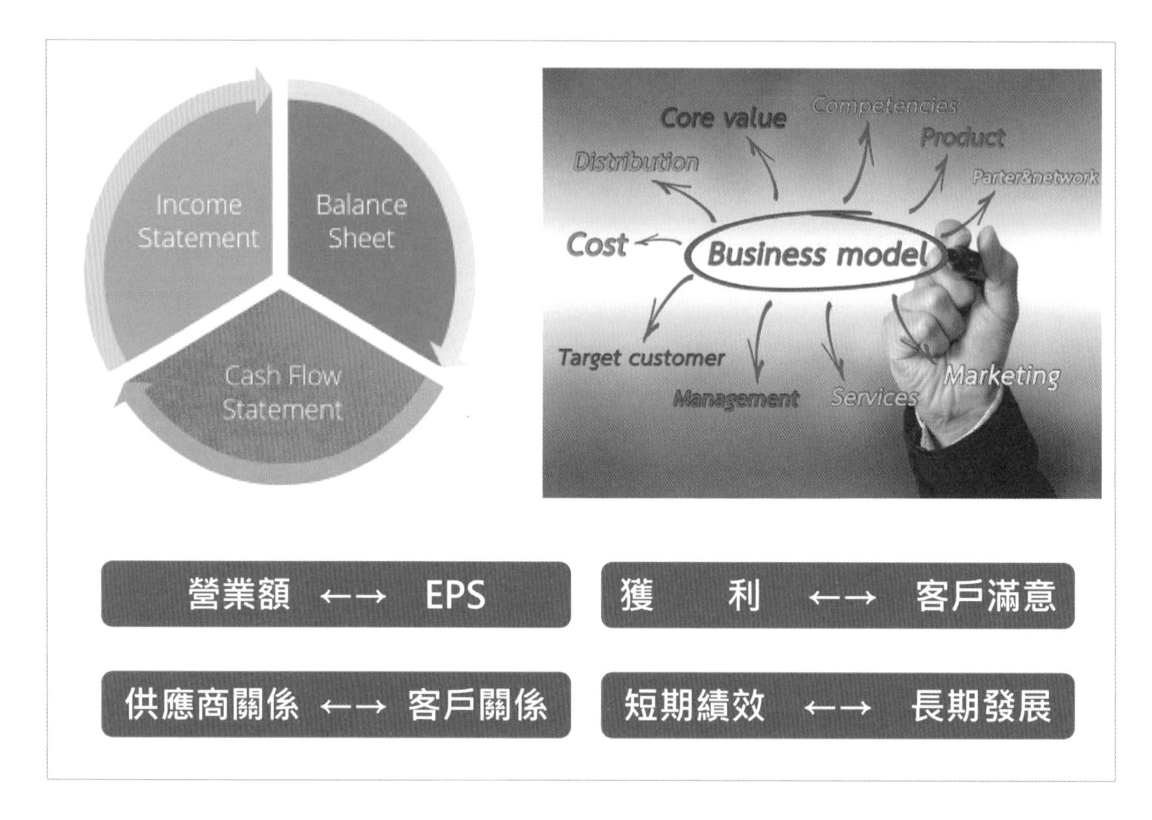

財務報表是傳統的公司經營指標：資產負債、現金流量、損益、EPS，這樣的指標充其量只是保守、穩健指標，對於新創企業、創新商業模式的公司是毫無意義的，因為財務報表為一個年度週期的營運報告，為了討好投資者、華爾街分析師，公司經營決策大多遷就短期目標，一家公司若 EPS 很高，傳統的解讀是經營績效好，但仔細思考就會發現是「短期」績效好，以下是 Amazon 的創新商業模式：

- 著眼於永續經營，賺 1 元投資 10 元、賺 10 元投資 100 元，不斷的投資、研發，逐漸形成資本、技術的競爭門檻。
- 以「客戶滿意」為企業中心思想，為提供客戶更低價格，不斷降低售價，免費配送到府、提供各式各樣優惠方案，更無所不用其極的壓低供應商的價格，然後進一步再降價給客戶，更利用美國各州稅法的差異性，為消費者節省消費稅，塑造 Amazon 是業界對低價的概念。
- 以客為尊，提供最方便的購物程序，大規模投入科技研發，以提供高供應鏈效率、消費者購物方便性。

打臉華爾街的經營策略 ...

year	營收(B)	EPS
07	15	1.12
08	19	1.49
09	25	2.04
10	34	2.53
11	48	1.37
12	61	-0.09
13	74	0.59
14	89	-0.52
15	107	1.25
16	136	4.9
17	178	6.15

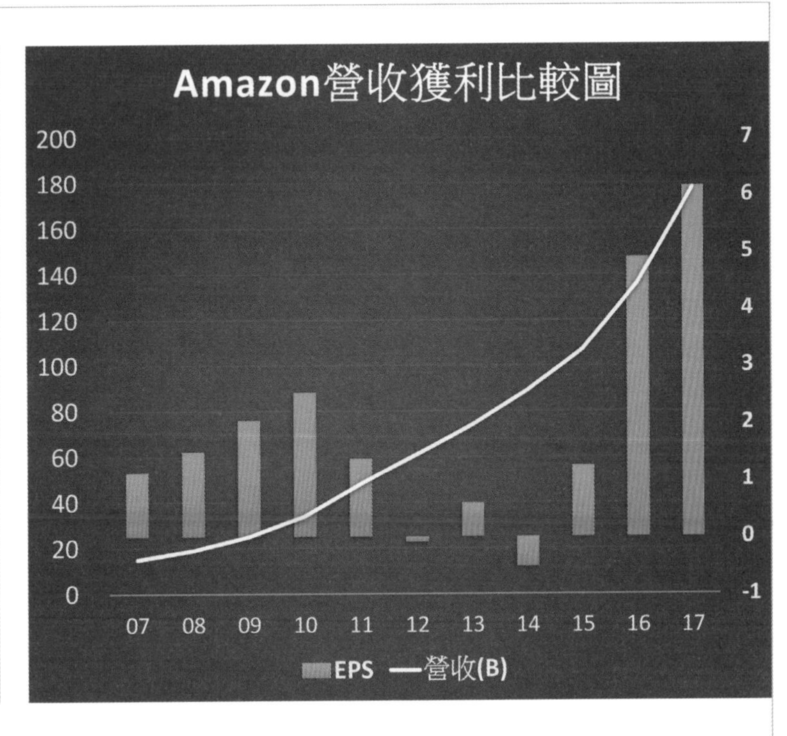

Amazon 投資哲學：

- 將創新投資分為 2 類：
  A. 無法退縮的（公司的未來）
  B. 可以退縮的（行不通，那就算了）
- 未確定方案可行之前，不投入大錢。結果：輸小錢、賺大錢
- 投入最大金額，讓競爭對手無力負擔。
  （傳統思維：投入最小金額，取得最大競爭優勢）

華爾街那些接受傳統教育的分析師，看不懂偉大企業家的商業布局，不斷質疑 Amazon 是燒錢的企業、就快要倒閉了⋯，應驗了 CEO 貝佐斯說的：「偉大的企業家必須樂於被長時間的誤解！」。

 Amazon 飛輪

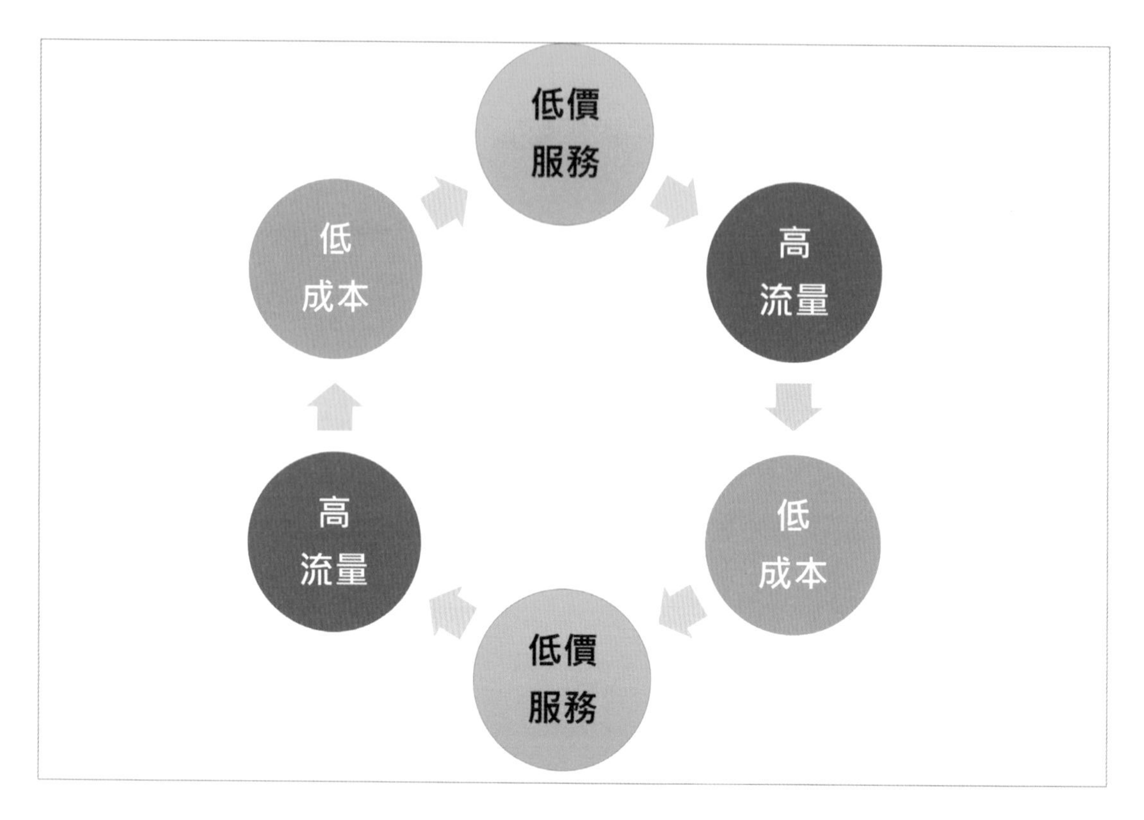

「高服務、低價格」永遠是商場王道，也是 Amazon 以客為尊的具體實踐！

飛輪理論：

A. 以 Prime 服務提供 2 日免費配送的快捷服務→增加會員購買量

B. 銷售量增大後 → 與供應商重新協議取得更低價格

C. 進貨成本降低後 → 降低銷售價格

D. 提高服務品質、降低銷售價格 → 客戶增加購物頻率、數量

以上的過程形成一個良性循環，Amazon 的客戶黏著性越來越高，想要購物的第一瞬間就是拿起手機進入 Amazon 的 APP ！

Amazon 會員專屬

Amazon 對於尊榮會員提供以下優惠：

- 2 日免費到府配送。
- 以超優價格提供即時線上串流電影、電視節目服務。
- 提供即時 Kindle 電子書下載閱讀。

忠實消費者的消費金額是一般消費者的 4~5 倍，Amazon 的會員服務創始於 2005 年，目前會員數全球已超過一億，所產生的飛輪效應是所向無敵的。

會員只要繳交年費 $119 或月費 $12.99，這個費用還可由購物金額中扣抵，因此對於忠實消費者而言，其實就是免費，這批願意繳交年費的消費者，可以歸類為消費能力較強的白領族群，對於服務有較高的要求，對於數位娛樂產品更有強烈的需求，因此以上的尊榮服務項目可說是完美的二次行銷。

Amazon 連續增長曲線

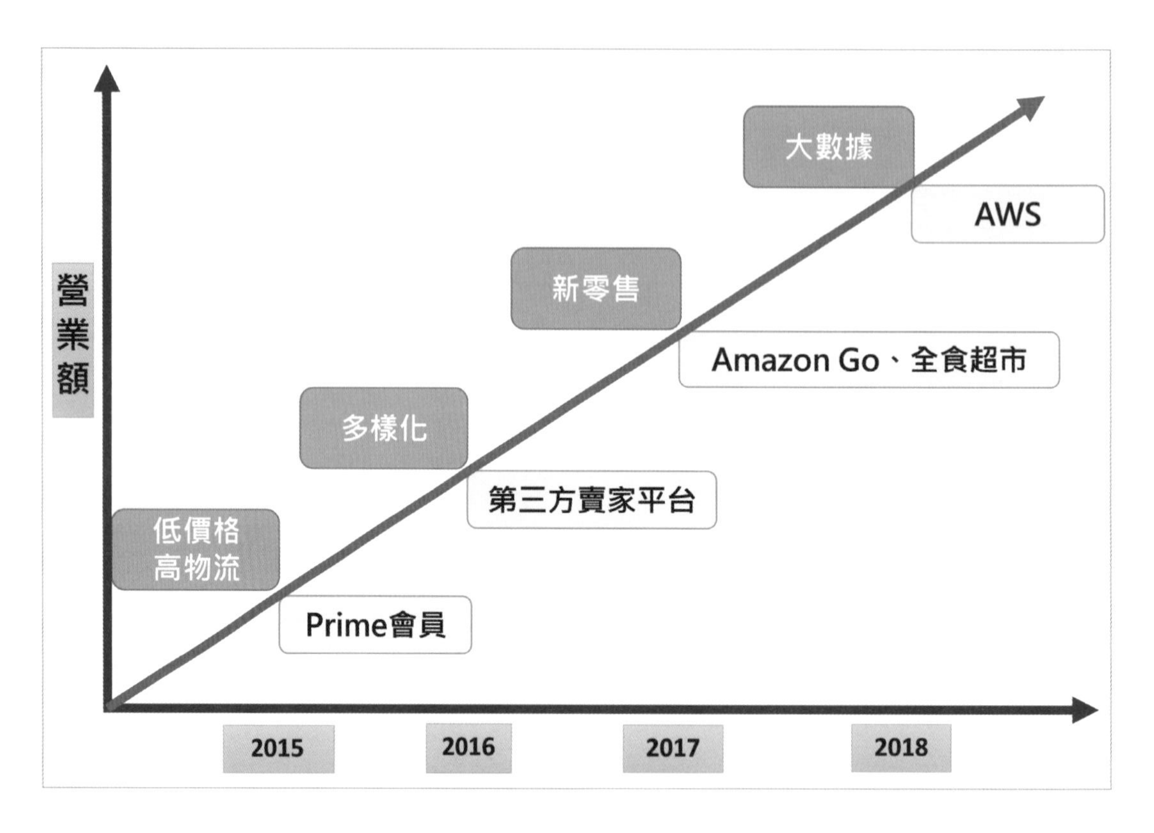

創新就是 Amazon 的核心 DNA，藉由持續的創新，不斷提高服務品質，擴張市場領域，2018-9-4 繼 APPLE 之後成為全球第 2 家市值超過美金兆元的企業。

Amazon 營業成長大記事：

2015	擴大 Prime 會員服務、優惠內容，形成會員成長大爆發。 達成：提高物流流量、降低物流成本、價格
2016	建立第三方賣家平台 擴充 Amazon 的商品的多樣性，更利用第三方賣家獲取更低商品進價來源。
2017	併購 Whole Food 連鎖生鮮賣場、發展 Amazon Go 無人商店系統 進入新零售（虛實整合）商業模式
2018	Amazon Web Service 大爆發 網路服務市佔率超過 50%，並成為 Amazon 最賺錢業務。

由Amazon
的經營決策

你學到什麼？

各位讀者，先暫停一下…，由上面的 Amazon 案例中，重新思考以下幾點：

- Amazon 的創新精神，你喜歡嗎？會過於冒險嗎？
- Amazon 的投資方式，過於冒進嗎？風險很高嗎？
- Amazon 對供應商殘忍的壓價行為合理嗎？還有有人願意與 Amazon 合作嗎？
- Amazon 不計成本的提高客戶服務品質，與你熟知的「將本求利」的概念有衝突嗎？
- 課本學到的、前輩傳授的，對比 Amazon 的新商業模式，能接受嗎？

拚多多的商業模式

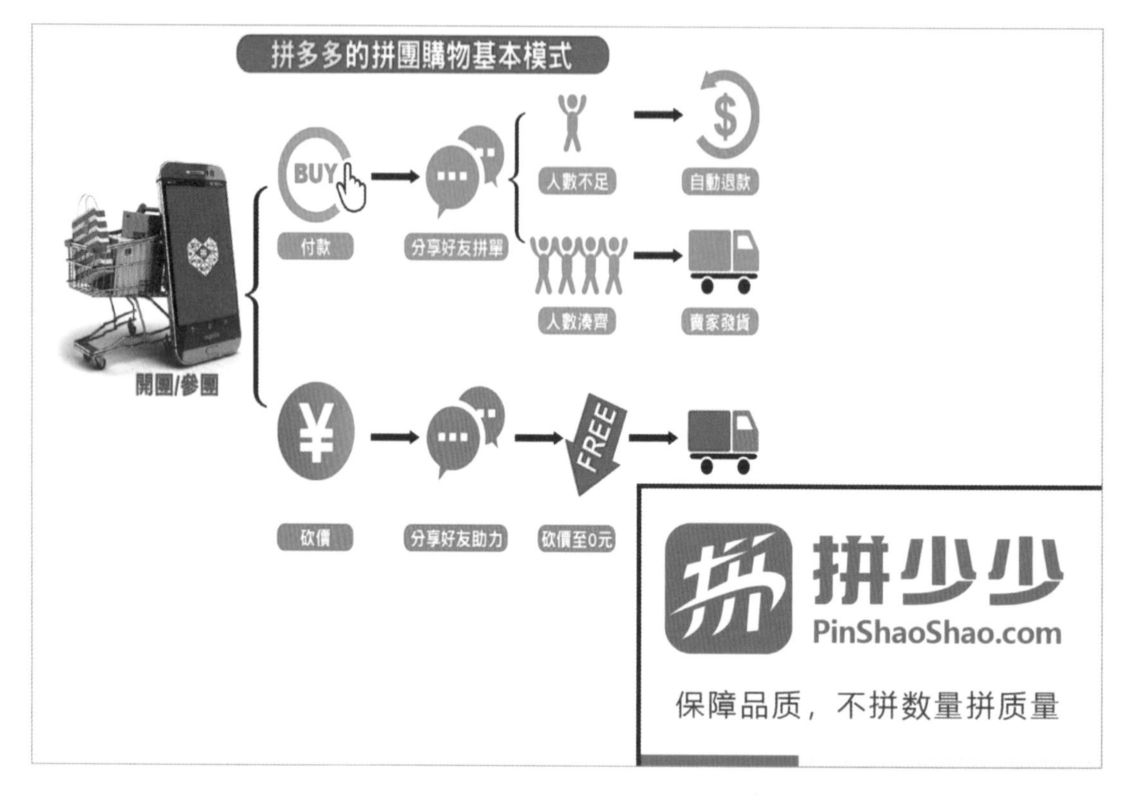

商家講：「薄利多銷」，消費者講：「買多折價」，買東西時邀一下親戚、朋友，湊夠了數量自然容易取得好價格，在辦公室中揪團採購更是普遍，利用網路，揪團更方便了，朋友的朋友、網友的網友、…，只要能連上網的，都可揪成一團，拚多多的商業模式就是這樣一個簡單概念。

拚多多的目標市場鎖定在三、四、五線農村居民，由於經濟實力較差，對於商品價格的敏感度極高，因此低價成為唯一的考量，揪團只是降低售價的方法之一，拚多多另一商業模式：劣質品、偽品、假品、…，低價劣質品是拚多多另一項與正規市場的競爭區隔。

消費者不知道拚多多賣的是偽、劣商品嗎？知道，但不在乎嗎？是的！價格就是低！對於經濟能力差的消費就有致命的吸引力，因為…，就算再窮也得過日子！因此短短 3 年吸引了中國 3 億消費者，2018 年在美國華爾街上市。

拚少少搭拚多多的順風車，強調不但低價而且質優，這真是山寨的也被山寨了！

淘寶 vs. 拼多多

Shān zhài
山寨

淘寶也是山寨起家，超過 60% 的偽劣假貨，隨著企業變大變強、國際化，開始注重企業形象與品牌，逼得 CEO 馬雲出面打假，但繼之而起的是拚多多，偽劣假貨並沒有從中國市場上絕跡。

賣偽劣假貨不是中國的專利，凡是由貧窮走向富有的國家，都必須經過這個階段，因為一部分人先富起來，其他人還未跟上，社會上的奢華風氣隨著通訊發達四處散播了，沒錢又想奢華只能買低價的假貨了，既然有需求，就會有人生產，台灣 30 年前當然也是世界工廠，更是假冒商品的世界批發商，但是近幾年偽品少見了，因為普遍富起來了，偽劣商品的市場需求降低了。

另外，台灣的法治進步了，生產、銷售偽劣商品會遭到重罰，在不太賺錢又風險很高的環境下，生意人當然不願意冒險了！

山寨文化的影響

窮的時候第一優先就是吃飽飯，吃飽了才會思考其他問題，所以古語說：「衣食足而後知禮義」，所以談教化、談文明之前必須先搞好經濟。

仿冒對於國家長期發展勢必是不利的，因為多數人都想賺快錢，願意從事研發、創新的人就會變少，滿街都是假貨的情況下，連假貨也賺不到錢，但這又是國家進步過程中必要之惡，窮得連資金都沒有，如何從事教育和研發，台灣也經過這個過程，經濟改善了，就會開始追求：真、善、美，這時候做智慧財產權的宣導才會有效果，有頭髮誰願意當禿子，買 LV 包包 A 貨的女性同胞哪一個不想擁有真品，再去調侃買 A 貨的朋友、同事，這就是人性。

1980 年筆者進入大學就讀，所有課本除了三民主義、國文之外，其餘的課本全部是盜拷的原文書，而且是公開的，一學期註冊費只要 NT 6,000 元，若買正版原文書一學期得花 NT 18,000 元以上，是註冊費的 3 倍，還有幾個人讀得起大學？全球首部 APPLE 個人電腦要價 NT 200,000，誰又能接受得起資訊教育？

小米的華麗轉身 ...

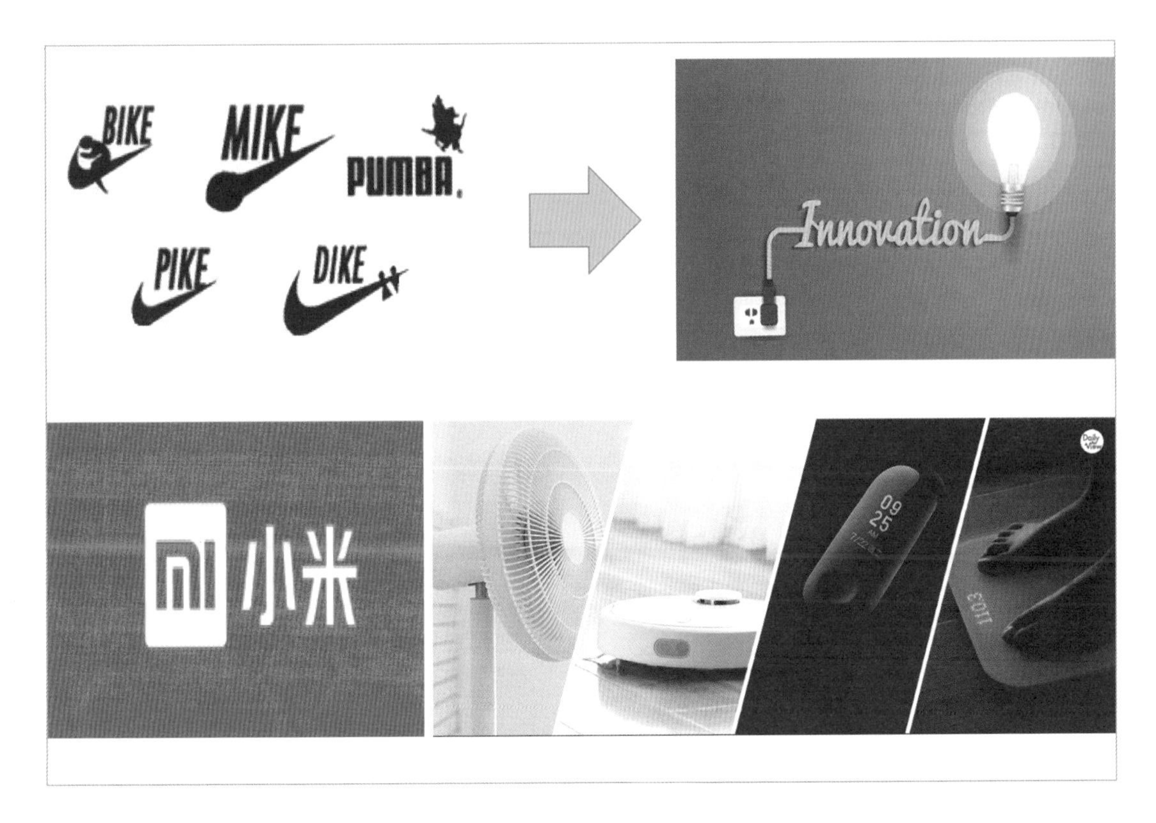

小米手機，說一說話燒起來了…，使用者耳朵燒傷了，在中國經濟剛起飛時，沒什麼大不了的，大家都窮，買小米就是圖個便宜，燒掉了…、受傷了…，就自認倒楣，了不起賠個小錢，司空見慣。

沿海特區富起來了，有能力消費的人變多了，小米也變大了，賺的錢也變多了！這一下可不妙了…，為啥勒？沒有品牌的小米是不怕人告的，了不起再換個名子，但經過十幾年的發展，小米產品複製一線品牌產品後再改良，也漸漸有品牌有口碑了，俗語道：「人怕出名豬怕肥」，家大業大的小米當然怕人家告了，自然而然就投入研發、創新，甚至挑戰一線品牌，目前在香港上市。

筆者 2018 年 5 月去逛了小米台北三創生活專賣店，賣場風格仍然是模仿 APPLE 專賣店，但店內的商品就的確是小米了，從無到有再進化真、善、美，這是所有進步國家、企業、組織發展的必然軌跡，若一味沉溺於賺快錢、仿冒，最終還是貧窮不離身。

中美電商策略差異？

	營業額	獲利	市值
阿里巴巴	1	2	?
亞馬遜	2	1	

商業模式差異？

產生差異原因？

- Alibaba 中國第一大電商，Amazon 世界第一大電商。
- 中國 14 億人口，對外資設限保護本國產業。
  美國 3 億人口，對外資採取開放歡迎的態度。
  中國是唯一 Amazon 一直無法攻克的大市場。
- Alibaba 與 Amazon 的業績比較 → 營收：1：2，獲利：2：1
  但 Amazon 的市值卻是 Alibaba 的 2 倍。

Alibaba 營收主要來自於電商高毛利的第三方賣家抽成，也就是開網路百貨公司的概念，將攤位租給商家，賺取租金、抽成，毛利高但技術含量低，此商業模式容易被複製，現在騰訊也組織電商團隊，想分一杯羹了！

Amazon 同樣由電商起家，但很早就投入物流建設，由於 CEO 貝佐斯的科技創新的理念，Amazon 在客戶服務的科技創新、研發上，市場上無人能敵，連網路服務的全球市占率都是第一，獲得資本市場的青睞，我們可以這麼說：

Amazon = 阿里＋京東＋騰訊＋百度

中美消費、收入差異分析

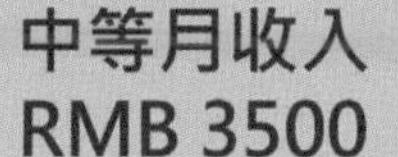

中等月收入
USD 4000

佔比順序	中國	美國
1	飲食	住房開銷
2	育兒	交通費
3	車貸房貸	飲食
4	人情開銷	養老保險
5	儲蓄投資	儲蓄投資

基於上面基本差異，你對中國企業發展的建議？

中國是世界的工廠，美國是世界的市場，只有 3 億人口卻是全球最大消費市場，與中國做對比，相同的工作，美國薪資大約是中國的 7 倍，因此美國消費力十分驚人，當然消費習慣、消費種類與中國會有很大的差異。

中國經濟改革開放剛滿 40 年（1978 開始），還未全面富起來，還是傳統：「有土斯有財、民以食為天」的溫飽概念，因此大部分的收入都投入房地產，可支配薪資相對非常少，因此日常消費仍是以飲食佔第一位。

美國富有百年了，人民隨著工作四處遷徙是常態，房產稅更是高，因此不會囤房，更不會炒作房地產，許多人的房子更是用租的（搬家方便），因為地廣人稀，多數人居住在鄉間，享受優質的居住環境，上班以開車通勤為主，一個家庭最起碼 2 部車，因此住房與交通費分佔消費 1、2 名。

不同的經濟實力 → 不同的消費習慣 → 不同的價值觀 → 不同的教育體制 → 不同的社會型態，進步不是一蹴可及的，文明更必須以經濟作後盾！

習題

(　　) 1. 有關品牌，以下敘述何者是正確的？

(A) 很大程度影響消費者
(B) 品牌的效用只限於產品與企業
(C) 國家是不需要行銷的
(D) 建立品牌很浪費錢

(　　) 2. 有關行銷 / 銷售，以下敘述何者是正確的？

(A) 行銷就是銷售
(B) 行銷又稱為前期銷售
(C) 業務員到處求人是不好的工作
(D) 資訊部門是企業中最重要的

(　　) 3. 有關於行銷學，以下敘述何者是錯誤的？

(A) 原文為 Market
(B) 最早的市集是以物易物
(C) 又稱為市場學
(D) 研究市場中持續變動行為

(　　) 4. 有關於行銷，以下敘述何者是錯誤的？

(A) 可找第三方公正人士代言
(B) 行銷必須是以「銷售」為目的
(C) 公益活動不是行銷活動
(D) 集點活動也是一種行銷活動

(　　) 5. 有關於行銷，以下敘述何者是錯誤的？

(A) 叫賣哥不是一種行銷活動
(B) 產品發布會是常見的行銷活動
(C) 週年慶是百貨公司常舉辦的行銷活動
(D) 產品組合也是一種行銷活動

(　　) 6. 有關於行銷，以下敘述何者是錯誤的？

(A) Organic 是有機的意思

(B) Organic 代表高價

(C) Organic 代表健康

(D) Organic 代表庶民食品

(　　) 7. 有關於行銷，以下敘述何者是錯誤的？

(A) 行銷目標應該是不分男女老幼

(B) 行銷應講究精準度

(C) 行銷應該分眾

(D) 行銷活動應先做市場調查

(　　) 8. 有關於行銷，以下敘述何者是正確的？

(A) 韓流是一種國家行銷

(B) 韓國利用文化輸出從事國家行銷

(C) Coke = 可樂

(D) 以上皆是

(　　) 9. 有關於行銷，以下敘述何者是錯誤的？

(A) APPLE 產品主打高端客戶

(B) APPLE 是時尚產業

(C) APPLE 手機太貴沒人買

(D) 小米產品主打平價

(　　) 10. 有關全球頂尖大學，以下敘述何者是正確的？

(A) MIT 是台灣大學

(B) 掃地機器人是 MIT 發明的

(C) 北京大學科研成果超越 MIT

(D) 美國頂尖大學都是公立的

(　　) 11. 有關王品餐飲集團，以下敘述何者是正確的？

(A) 聚焦在低價位餐飲

(B) 聚焦在中價位餐飲

(C) 聚焦在高價餐飲

(D) 跨國界料理組合

(　　) 12. 有關電動車汽車，以下敘述何者是正確的？

(A) BMW 是全球第一家純電動車廠
(B) BENZ 是全球最大純電動車廠
(C) TESLA 是電動車代名詞
(D) 雙 B 汽車稱霸電動車市場

(　　) 13. 有關軟體系統，以下敘述何者是正確的？

(A) 微軟已被自由軟取代
(B) 自由軟體免費所以深獲消費者的喜歡
(C) 自由軟體功能集晚定度優於微軟
(D) 微軟作業系統至今無人能敵

(　　) 14. 有關 KATE 品牌，以下敘述何者是正確的？

(A) 是一種美妝品牌
(B) 是 SKII 的姊妹產品
(C) 訴求對象是熟女
(D) 是一個服飾品牌

(　　) 15. 有關低價商品策略，以下敘述何者是錯誤的？

(A) Costco 標榜物美價廉
(B) 拚多多在中國上市
(C) 拚多多鎖定偏鄉消費者
(D) 拚多多鎖定低收入消費者

(　　) 16. 有關咖啡，以下敘述何者是錯誤的？

(A) Starbucks 是這個時代咖啡的代名詞
(B) 喝咖啡是一種閒情逸致
(C) 咖啡是苦的，所以窮人愛喝咖啡
(D) 咖啡幾乎可以作為富裕指數

(　　) 17. 針對 Coke 商品價值，以下哪一個項目占比最高？

(A) 品牌　　(B) 廣告
(C) 研發　　(D) 原料

( ) 18. 2017 年哪一個企業品牌價值全球第一？

(A) APPLE (B) Google
(C) Amazon (D) 阿里巴巴

( ) 19. 2016 年哪一個企業品牌價值台灣第一？

(A) 統一 (B) 宏碁
(C) 華碩 (D) 捷安特

( ) 20. 以下哪一個項目敘述是錯的？

(A) 騰訊從事社群軟體
(B) NETFLIX 從事網路影音內容
(C) 百度從事電子商務
(D) APPLE 從事高端電子產品

( ) 21. 以下有關品牌故事，哪一個項目是正確的？

(A) 你買一雙鞋我贈一雙鞋是 DIOR
(B) Coke 一開始被當成藥品來賣
(C) 戰後經濟復甦崛起的是 TOMS
(D) POO-POURRI 是一種香水

( ) 22. 以下有關豐田汽車，哪一個項目是正確的？

(A) TOYOTA 是高價車種
(B) LEXUS 是平民車種
(C) TOYOTA 是以性能切入美國市場
(D) LEXUS 主打高階市場

( ) 23. 以下有關 SWOT，哪一個項目是錯誤的？

(A) S = 優勢 (B) W = 財富
(C) O = 機會 (D) T = 威脅

( ) 24. 以下有關行銷 4P，哪一個項目是錯誤的？

(A) Product = 產品策略
(B) Price = 定價策略
(C) Place = 生產策略
(D) Promote = 推廣策略

(　　) 25. 以下有關傳統行銷 4P 的沒落的原因，哪一個項目是正確的？

(A) 應追求品質卓越
(B) 低價就是王道
(C) 週年慶是業績保證
(D) 以上皆是

(　　) 26. 以下有關 ZARA，哪一個項目是錯誤的？

(A) 以低成本創造高毛利
(B) ZARA 開創平價奢華風
(C) ZARA 客戶一年平均到訪 17 次
(D) ZARA 開創行銷新 4P

(　　) 27. 以下有關 TESLA，哪一個項目是錯誤的？

(A) 加速性能超越超級跑車
(B) 第一代跑車是 Model X
(C) 平民價格挑戰 TOYOTA
(D) 豪華科技感媲美雙 B

(　　) 28. 以下有關經典行銷創意，哪一個項目是錯誤的？

(A) Airbnb 以人道精神作行銷
(B) Walmart 以不中斷球賽進行廣告
(C) Google 提供窮苦國家以電話做網路查詢
(D) Snickers 以快樂指數作行銷

(　　) 29. 以下有關最佳廣告，哪一個項目是正確的？

(A) 訴求主題須明確
(B) 投入資金與營收成正比
(C) 一線藝人代言效果最佳
(D) 必須讓消費者不得不看

(　　) 30. 將一個 ideal 變成一個成功的方案，以下那一個項目不是必要的？

(A) 縝密的計畫
(B) 不斷的創新
(C) 充足的資金
(D) 堅強的意念

(　) 31. 以下有關 Amazon 的創新商業模式，哪一個項目是錯誤的？

(A) 不斷投入研發
(B) 以客為尊
(C) 追求高 EPS
(D) 最低價策略

(　) 32. 以下有關 Amazon 的投資哲學，哪一個項目是錯誤的？

(A) 投入最大金額，讓競爭對手無力負擔
(B) 未確定方案可行之前，不投入大錢
(C) 華爾街分析師不認同的燒錢策略
(D) 投入最小金額，取得最大競爭優勢

(　) 33. 以下有關 Amazon 的成長飛輪，不包含哪一個項目？

(A) 高 EPS　(B) 低成本
(C) 低價服務　(D) 高流量

(　) 34. 以下有關 Amazon 的 Prime 會員服務，哪一個項目是錯誤的？

(A) 2 日免費到府配送
(B) 超優價格即時線上串流電影
(C) 即時 Kindle 電子書下載閱讀
(D) 賠本太多已經喊停

(　) 35. 以下有關 Amazon 的連續增長，哪一個項目是錯誤的？

(A) 併購 Whole Food 進入新零售
(B) 利用第三方賣家獲取高額利潤
(C) AWS 成為最賺錢的業務
(D) 發展 Amazon Go 進入新零售

(　) 36. 以下有關 Amazon 的經營則學，哪一個項目是正確的？

(A) 將本求利的經營模式　(B) 追求企業績效
(C) 財務穩健保守　(D) 以客為尊

(　) 37. 以下有關拚多多，哪一個項目是錯誤的？

(A) 揪團採購　(B) 低價策略
(C) 品質保證　(D) 拚單議價

(　　) 38. 以下有關山寨文化，哪一個項目是錯誤的？

(A) 淘寶是山寨起家
(B) 專賣偽劣商品
(C) 信奉低價就是王道
(D) 拚多多是打假英雄

(　　) 39. 以下有關山寨文化，哪一個項目是正確的？

(A) 提高國民所得是杜絕仿冒的最佳方法
(B) 仿冒是經濟發展的特效藥
(C) 就算是餓肚子也不可以仿冒
(D) 仿冒可以節省研發成本

(　　) 40. 以下有關小米，哪一個項目是正確的？

(A) 以山寨起家
(B) 早期商品品質不佳
(C) 是窮人的小確幸
(D) 在新加坡上市

(　　) 41. 以下有關中美電商策略差異，哪一個項目是正確的？

(A) 阿里巴巴營業額高於 Amazon
(B) 阿里巴巴市值額高於 Amazon
(C) 阿里巴巴獲利額高於 Amazon
(D) 阿里巴巴各項財務指標完勝 Amazon

(　　) 42. 以下有關中美消費、收入差異，哪一個項目是正確的？

(A) 美國薪資大約是中國薪資的 7 倍
(B) 中國消費第一順位是住房
(C) 中國是全球第一消費市場
(D) 美國消費第一順位是飲食

CHAPTER

3

商務自動化

日本是全世界商業自動化最徹底的國家，大街小巷都可看自動販賣機：飲料、衛生紙、咖啡、熱湯、拉麵、…，辦公室中所有事務機器：影印機、傳真機、…，幾乎都是日本品牌，日本人的工業機器人也稱霸世界，為什麼呢？日本經濟從二次大戰後快速崛起，薪資快速上漲，自動化是提供工作效率與降低人力需求的最佳選擇，近 20 年來日本是全球人口老化、少子化最嚴重的國家，勞動力嚴重短缺，自動化更是唯一的選擇。

本以為上網買東西、用 APP 購物非常方便，真不是那麼一回事！看了 Amazon 的創新發明，才知道「以客為尊」的真正意涵，敘述如下：

- Amazon Dash Button：

  一個小塑膠按鈕，按一下，就可自動下單，將某一種商品送到家裡，8 歲小孩 ~80 歲老人都可自動購物，一個按鈕對應一種商品，例如常用的洗衣粉，將此按鈕貼在洗衣機上方，洗衣粉用完了，按一下鈕即可，一個按鈕 $5，但會從購物金額中扣抵，因此就是免費。

智慧商店

RFID：感應

- Amazon Dash：

  一個長度約 15 公分塑膠物件，一頭是條碼掃描器，另一頭是麥克風，家中牛奶喝完了，就用 Amazon Dash 的掃描器掃一下牛奶瓶上的條碼，若是商品沒有條碼，例如：水果，就對著 Amazon Dash 麥克風說：「Strawberry」，如此就會自動下單，將牛奶及草莓配送到府，從此不用記小抄、上賣場、扛重物。

- ECHO：

  長杜形音箱，內建麥克風，可接收語音指令，它就是一個智慧家庭管家，可以管控家中所有電器設備，因為連網到雲端，所以上知天文下知地理，可以做日常生活資訊的查詢，例如：交通路況、天氣溫度、…，因為內建行程表，因此可做日常活動的提醒，因為連網因此可做：代訂餐廳、線上購物、安排行程、…，幾乎無所不包，基本款售價只要 $30。

行銷三部曲：

- 低價是王道：物美價廉永遠是大多數消費者的優先考量，Amazon 的飛輪理論創造了巨大的業績成長。
- 便利是真理：一鍵下單 → 一指下單 → 掃描下單 → 開口下單，不斷的購物程序便捷化，讓 Amazon 購物輕鬆愉快。
- 全球決勝負：Amazon 全球布局，提供第三方賣家擴展海外市場一條龍服務，賣家的作業程序簡化了，成本降低了，更讓全球消費者有更多元的選擇。

無私的真愛是讓人難以抗拒的，一旦接受了，就像是吸食毒品一般，難以戒除！消費者沒有絕對的忠誠度，但貨比三家、十家、百家後，Amazon 仍然是第一選擇時，Amazon 就成為真愛，下一個挑戰者很難勝出！

Amazon 的競爭對手是自己！一個王朝的崩潰的原因一般有 2 點：天災、人禍，天災無法避免，人禍卻是咎由自取，前面提到的 Sears 百貨案例，Sears 因創新而壯大，卻因不知因應經濟變化而失敗，兇手是自己，同樣的，當 Amazon 成為百年企業後，它的創新能力、以客為尊的理念還能持續嗎？多數的情況仍然無法避免富不過三代的魔咒。

推薦書籍：《創新的兩難》

一個成功的企業，很難去開發一個新產品、新服務，替代目前成功的模式：

- ◆ 案例一：Walmart 是全世界最大零售商，對於 Internet 的崛起卻採取保守策略，給了 Amazon 崛起的機會。
- ◆ 案例二：全世界汽車業龍頭廠商：雙 B、AUDI、TOYOTA，對新能源車的觀望態度，給了 TESLA 騰空出世的契機。
- ◆ 案例三：Amazon 開發電子書企圖取代自己起家的本業：網路賣實體書，墮落的書商們也因此喪失了市場的主導權。

商業自動化的根本：編號管理

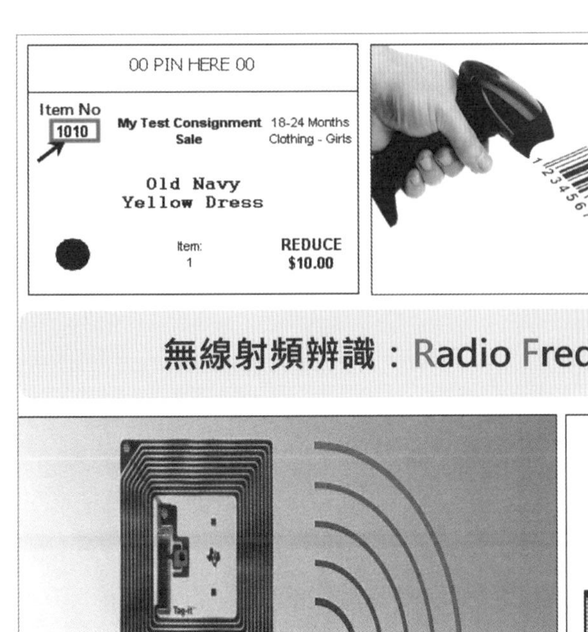

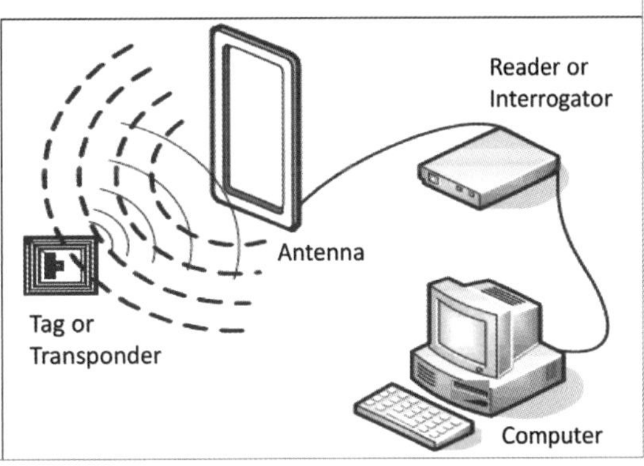

為了提高商品管理作業效率，以下是幾個階段的進化：

商品編號	每一商品賦予一個獨立的編號，例如：19-2013554-01 代表 2019 年生產 - 高級咖啡機 - 白色，讓庫存管理精確化。 但是用眼睛看 → 用嘴巴讀商品編號，是沒有效率又容易出錯的。
Bar Code	將商品編號轉換為粗細不一的線條，印在標籤上，以條碼器掃描標籤就可讀取商品編號，相對於使用眼睛、嘴巴，有了很大的進步。
QR Code	又稱為二維條碼，可以儲存大量資料，例如：商品的完整生產履歷、個人報稅明細資料、…，一樣是掃描的。
RFID	無線射頻技術（Radio Frequency Identification），在商品標籤上植入 RFID 晶片，標籤就會主動或被動地發出無線訊號，此訊號可被 RFID 接收器接收，因為是無線訊號發射與接收，因此是整批的、即時的，作業效率比條碼掃描作業快上千、百倍。

RFID 的庫存管理應用

賣場盤點： 以 RFID 發射器發出無線電波，商品上的 RFID 標籤晶片接收訊號後，被動式回覆商品編號，有效範圍內一次一批完成。

倉庫進貨： 整個棧板的貨物拖進倉庫、或整輛卡車開進倉庫，通過倉庫閘門時即完成整批貨物的盤點。

倉儲管理： 在貨架上方裝置 RFID 發射器，當貨品被放置入貨架時，便自動感應，當貨品被搬移出貨架時同樣自動感應，庫存資料全自更新。

RFID 其他商業應用

高速高路： 台灣目前所有高速公路全部路段都採取 ETC（Electronic Toll Collection）電子收費系統，每一部車子都貼上一個 RFID 標籤，行駛於高速高公路時，路面上方的 RFID 發射器不斷發出無線電波，車子上的 RFID 標籤便會發出回覆訊號，根據行駛的距離計算費用，節省行車時間。

門禁管制： 將人員識別證製作成 RFID 晶片卡或感應環，目前在各個單位使用非常普遍。

大眾運輸： 台北市的悠遊卡目前已成為全台灣的悠遊卡，剛開始只是用以解決捷運出入口快速通關，避免瓶頸造成堵塞，現在廣泛使用於所有大眾運輸工具：計程車、公車、火車，悠遊卡具備儲值功能，也是電子支付工具，在台灣另一個較常用的品牌是高雄市的一卡通。

討論：產業自動化 vs. 職工下崗

高速公路收費電子化、自動化了！所有收費員失業了（下崗）！報紙、媒體聳動的標題：「自動化將使人類失業…」、「機器人將取代人類…」，真是語不驚人死不休！

所有人希望自己的兒子、女兒一輩子就做收費的工作嗎？財經科系畢業的大學生就做數鈔票的工作嗎？早上上班走 5 公里田埂路去上班？老婆下班回家還要燒柴火準備晚餐嗎？時代不斷的進步，生活的進化、舒適，全部來自於自動化的結果，3D（3K）產業：Dirty : 骯髒、Dangerous : 危險、Difficult : 辛苦），人們不願意做了，因此引進自動化作業。

有了數鈔機、ATM，大學財經畢業生在銀行的工作層次提高了，理財、投資建議諮詢，產值提高了，薪資也能同步提升，這才是有前途的工作！政府所要做的是改善投資環境、優惠產業升級、鼓勵國人在職進修，形成良性循環！先進國家的薪資是台灣薪資的數倍，因為人家的自動化程度遠高於台灣，因此有能力負擔較高的薪資水平。

衛星定位技術：GPS

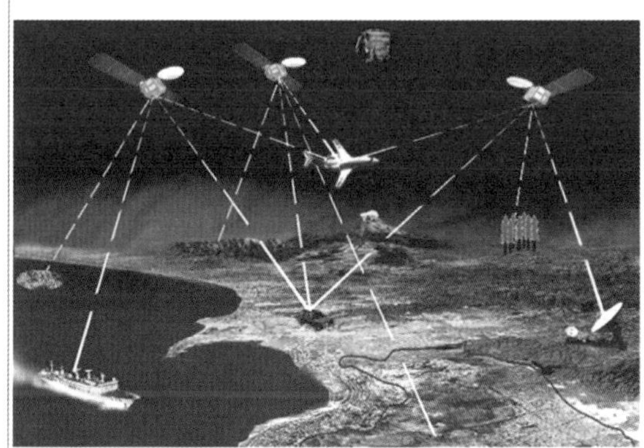

GPS 全球定位系統（Global Positioning System），可以為地球表面絕大部分地區（98%）提供準確的定位、測速和高精度的標準時間，目前 GPS 技術廣泛應用道路導航，例如：Garmin 汽車導航器，大眾運輸指引系統，例如：Google maps，都已經成為交通、運輸、旅遊不可或缺的工具。

GPS 技術發射訊號讓：車子、船舶、飛機進行自我定位，在行動商務的時代人手一機（手機、行動裝置），將 GPS 技術應用在短距離的訊號發射，可以讓商家附近所有行人都收到商家資訊，人工發送廣告 DM 的工作就測底 GG 了！

偉大的國家：美國

GPS 由美國國防部研發、維護，提供全世界不需申請、無償使用，原本分為軍用、民用兩種不同精確度的版本，2000 年柯林頓政府讓兩個版本都享有同樣的精度，這種無私、開放的胸懷與策略，正是造成全世界：人才、資金匯集的吸引力。

中國為避免軍事部署受制於美國，因此獨立開發北斗衛星導航系統，目前已開始運作。

 智慧商務關鍵技術：NFC

Near
Field
Communication

近
距離
傳輸

原理類似RFID

可雙向讀寫
Read & Write

NFC 近距離無線通訊（Near-field communication），是一套通訊協定，讓兩個電子裝置在相距幾公分之內進行通訊，NFC 技術由 RFID 演變而來，由飛利浦半導體、諾基亞和索尼於 2004 年共同研製開發。

NFC 技術的基本應用可以分為以下 4 種類別：

- 接觸通過：如門禁管制、車票和門票等。
- 接觸確認：如移動支付，確認交易行為。
- 接觸連接：進行點對點數據傳輸：下載音樂、圖片互傳、交換通信簿。
- 接觸瀏覽：A、B 兩裝備都內建 NFC，A 裝備可瀏覽 B 設備中的信息。

智慧商務關鍵技術：電子支付

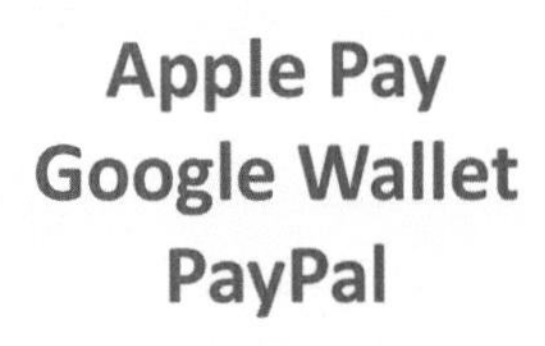

方便、安全、整合服務

行動支付 = 用手機付錢，因為法規與運用技術的差異又分為以下 3 種：

- 行動支付：將信用卡片資訊全都儲存在手機中，以手機刷信用卡付款。
  服務代表：Apple Pay
- 第三方支付：網上購物彼此缺乏信任，消費者把錢給第三方中間人，當消費者收到了產品，店家才能從中間人那獲得他應有的貨款，此業務由經濟部監管。
  服務代表：Paypal
- 電子支付：第三方支付 + 將錢轉給別人，此業務出金管會監管。
  服務代表：街口支付、微信支付、支付寶

行動支付使用信卡付費，個人銀行帳戶中不必有存款，電子支付是實體帳戶轉帳，銀行帳戶中必須要有足夠的存款，是屬於現金卡的概念。

室內定位技術：iBeacon

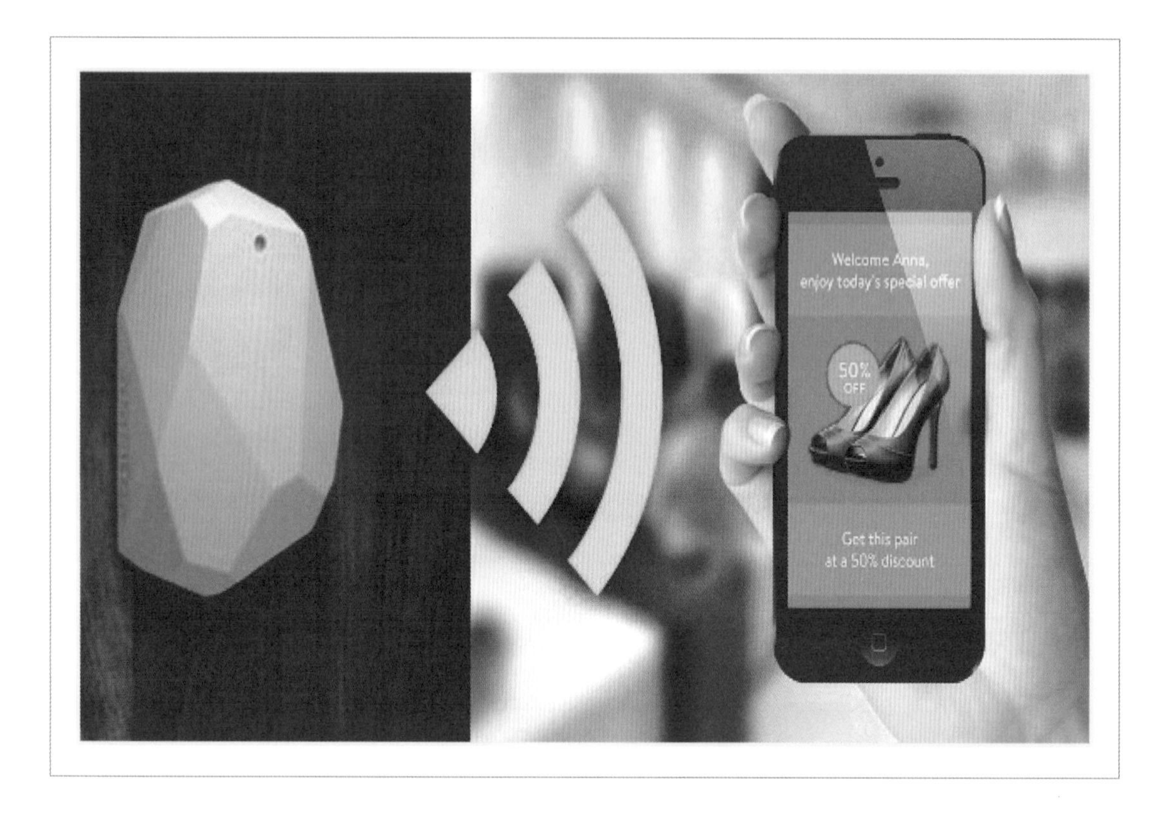

2013 年蘋果在 WWDC 大會上發布的 iBeacon，是一個無線通訊傳輸方案，採用 BLE 技術：低功耗藍牙（Bluetooth Low Energy），開創微定位的未來。

iBeacon 就像是一個不停地在廣播訊號的燈塔，當手機進入到燈塔照射的範圍內，手機的 App 就會與 Beacon 產生互動，舉例如下：

- 梅西百貨在全美店面放置了至少 4 千顆 Beacon，提供消費者導覽和導航的功能。
- 特易購應用 Beacon 來強化服務，讓使用者在 App 建立待買清單，當使用者一進入到賣場內，手機就會告知每項商品的位置，節省購物時間。
- 麥當勞在喬治亞州的 26 家分店推出 App 搭配 Beacon 放送促銷訊息，給路過或走進麥當勞的消費者，短短 1 個月內，就讓麥克雞三明治的銷售上升 8%、麥克雞塊銷售上升 7.5%。

智慧商店：iBeacon

任何採用低功耗藍牙（BLE 或藍牙 4.0）的微定位訊號發射器皆能稱之為 Beacon，Beacon 與 iBeacon 的差別僅在於廣播訊號頻率的差別。

Beacon 優勢：

- 比 GPS 有更精準的微定位功能，以往 GPS 只能大概得知使用者所在，Beacon 則可將定位範圍精準到 2 ～ 100 公尺內。
- 比 Wi-Fi 有更高的精準度，並支援非 Android 系統。
- NFC（無線近場通訊）必須近距離接觸才能傳輸訊息，因此先天就無法做到定位，而 Beacon 也能做到支付應用，因此 Beacon 又被稱為「NFC 殺手」。

Beacon 同時兼具定位與支付的優勢，讓 Wi-Fi 與 NFC 分別在定位與支付的光環盡失，儼然成為實體通路虛實整合（O2O）的救世主。

iBeacon 整合商務創新

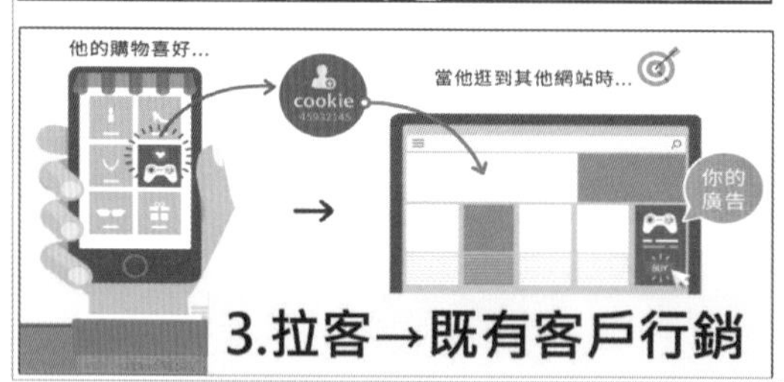

iBeacon 的應用是多元的，搭配企業資訊整合系統，可提供以下整合商務創新方案：

1. 引客：以優惠、特價訊息將店外的行人，吸引到店內，成為顧客。
2. 集客：在顧客所在的產品區發送精準的特惠商品訊息，吸引店內顧客的注意，並即時選購商品。
3. 拉客：根據顧客的歷史購物紀錄，在賣場中發送精準商品、優惠方案。
4. 根據 Beacon 蒐集的資料庫，分析客戶在賣場內：移動的路徑、停駐的時間、購買金額，重新修正賣場的動線規劃，品牌、商品的配置。
5. 以完整的客戶資料為基準，作量身訂製的客戶服務，搭配各式各樣的集點、優惠方案，吸引顧客再次上門。
6. 一個舊客人的價值抵得個十個新客人，完整的服務紀錄，是下一次服務的最重要參考。

提升用戶體驗

自製T恤的UT工廠

UNIQLO 智能買手

新品訊息　穿搭推薦
優惠折扣　互動體驗

實體賣場與網路商場最大的差異在於：服務、體驗、互動，目前許多業者提出科技創新方案，用以提升顧客體驗、增加購物的樂趣，以下介紹兩個 UNIQLO 的方案：

自製 T 恤	在賣場中提供圖案設計裝備，讓顧客可以自行設計選購 T 恤的圖案，並當場印製，讓自己的 T 恤是獨一無二的，並產生親自參與製作的樂趣、成就感。
智能買手	實體賣場無人化是產業發展的趨勢，如何以自動化機器提供客戶良好的互動服務是所有零售業共同的課題！ UNIQLO 所推出的智能買手，就如同一位資深店長，放置在店內入口處，可以提供顧客各式各樣的訊息：新品訊息、優惠方案、穿搭推薦、互動體驗，對於不喜歡服務人員跟前跟後碎念的消費者是一項很棒的自動化服務。

虛擬實境：產業應用 – 1

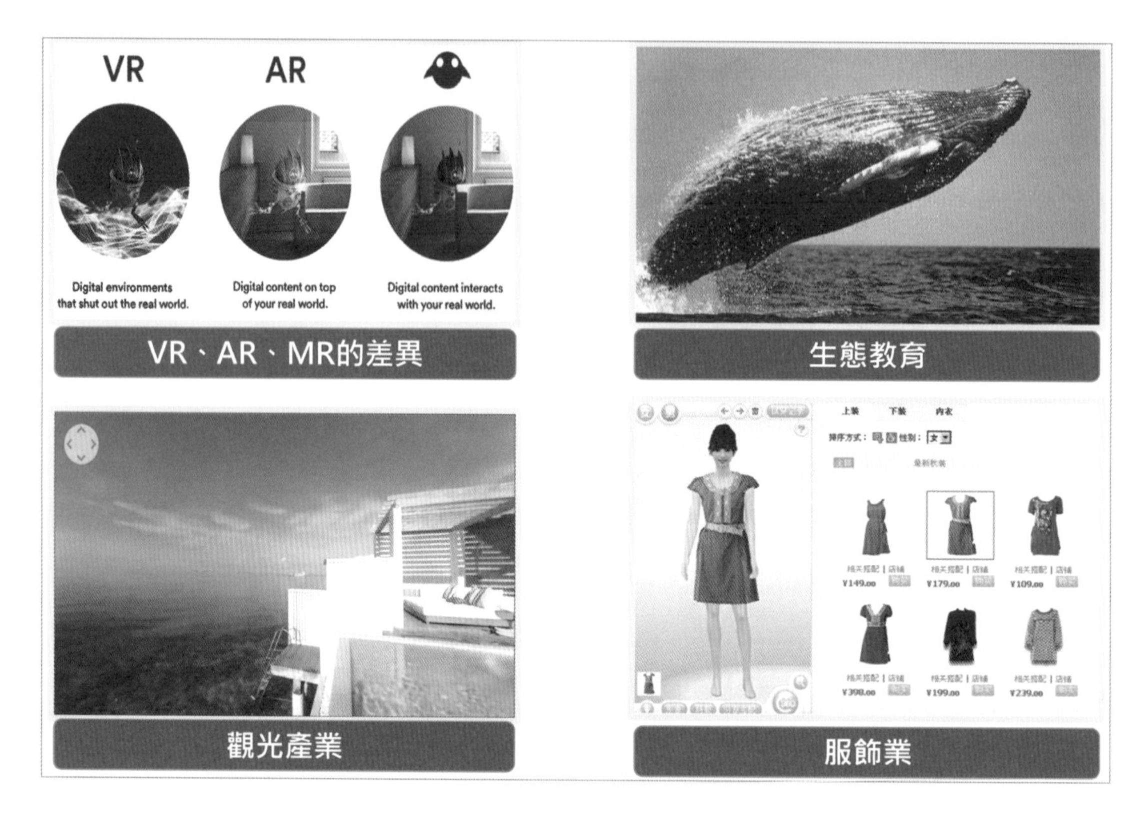

AR、VR、MR 的差別：

- VR：虛擬實境，由電腦模擬出影像，此影像與我們的實體環境完全脫離。
- AR：擴增實境，將電腦模擬的影像與實體環境作結合，但無法互動。
- MR：混合實境，電腦模擬的影像可與周邊環境、人物互動。

實體服務的成本相當高：時間成本、場域成本、人員成本、…，利用 AR、VR、MR 將可讓一切成本降到最低：

- 教育產業：一條活生生的鯨魚在教室中跳出，激起的浪花更讓學生紛紛不自覺的閃躲，臨場感、互動感，這就是虛擬帶來的教學顛覆。
- 觀光產業：是目前導入 VR 最成熟的產業，讓消費者身歷其境的以 360 度視角來觀賞旅遊地點的介紹。
- 服飾產業：網路上購買衣服，採用虛擬試衣，提高購買衣服前的品質確認度，更進一步降低賣方後續的退貨處理與物流費用，即使是實體店的銷售也可以利用此系統節省試衣時間。

虛擬實境：產業應用 – 2

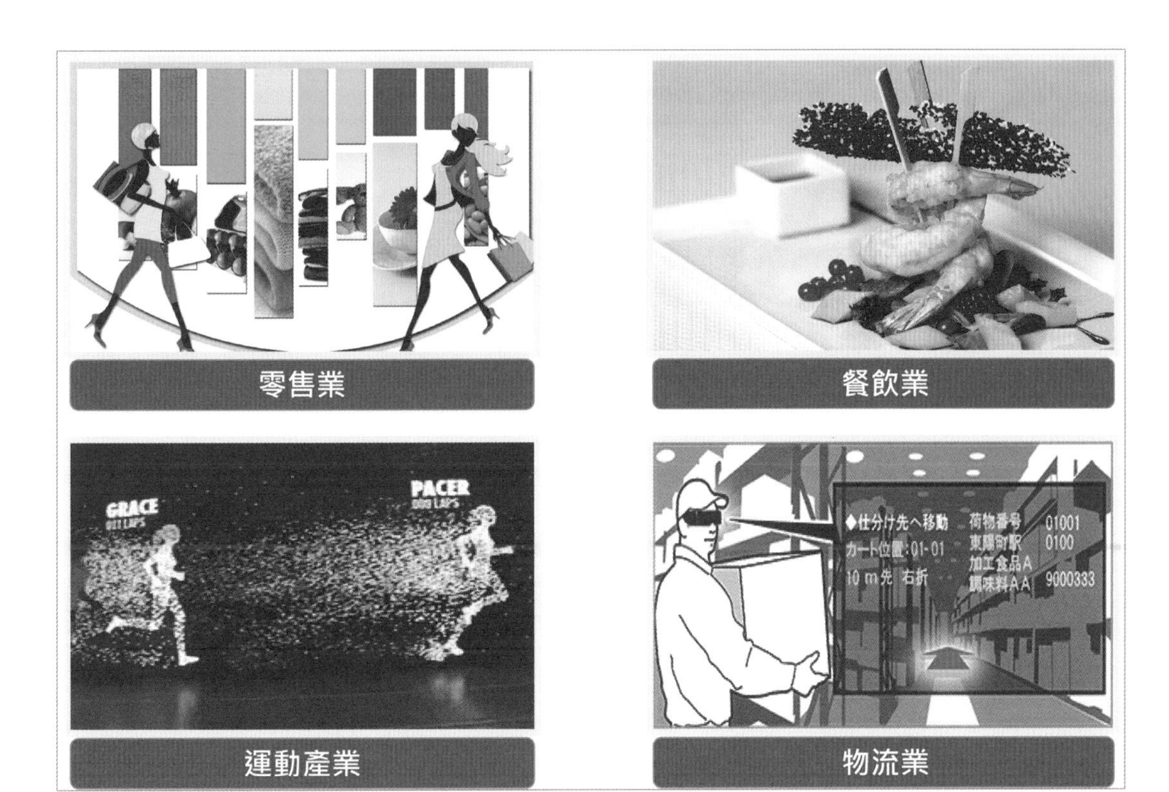

- 零售產業：在實體賣場中，以手機掃描商品集出現商品資訊，動態商品展示，商品相關影像介紹、展示。
- 餐飲產業：最早的菜單就是文字敘述，進化的菜單加上圖片，現代化的菜單提供餐點 360 度旋轉視角，充分展現餐點的樣態，引起饕客的食慾。
- 運動產業：Nike 結合虛擬與 IOT 科技，建了一個運動者與自己影子互動的跑步場，讓跑步不再單調，隨時由自己的影子陪跑。
- 物流產業：物流中心撿貨員穿戴智能頭盔，頭盔中出現智能小幫手，協助撿貨動作，包括行進路線、撿貨貨架、商品，全部由虛擬影像、聲音導引撿貨員，大幅提高作業效率，更降低作業人員的疲憊感。

虛擬實境：產業應用 – 3

遊戲產業

虛擬購物環境

房仲業

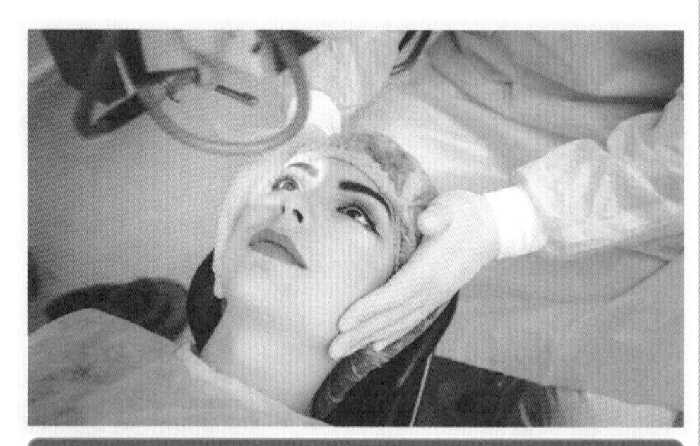
眼科教學

- 遊戲產業：戴著 VR 影像頭盔，玩家宛如置身於實境中，享受視覺的震撼，坐在會上下移動、左右旋轉的椅子上，玩家感受肢體回饋，就如同實際坐在雲霄飛車中，令人血脈賁張、頭皮發麻！
- 虛擬購物：以 MR 技術製作商場互動景象，消費者宛如置身實體商場，不只是虛擬影像，更可以和虛擬商場中的人物、環境做互動，日後將有可能改變消費者購物行為模式。
- 房仲產業：購屋前由房仲人員帶著四處看屋是非常耗時的，透過虛擬實境導覽，可協助購屋者作第一階段的快速篩選，選到合適的標的物後，再由房仲人員帶領到現場作細部檢核與評估，大大提高作業效率。
- 醫學教學：家人住院開刀，都要找大牌名醫執刀，因為醫學是一種深度依賴經驗的技術，大牌天天開刀經驗自然豐富，沒有患者會接受菜鳥醫師試刀，因此臨床醫師養成訓練十分艱難，利用人體虛擬情境的建構，菜鳥醫師可無數次的練習來精進技術。

人類智慧 vs. 產業自動化

自動化作業優於人工作業嗎？以下我們以早餐店作業流程作一比較：

麥當勞得來速：消費者將車開入車道中，經過 3 站：點餐、結帳、取餐。

傳 統 早 餐 店：老闆娘一個人負責前台點餐與結帳作業，甚至還分擔早餐製作工作，就像一隻八爪魚。

得來速的作業方式叫作 SOP（標準作業流程），每一個新進的服務人員只要經過簡單教學、幾個小時的練習就可以快速養成，但早餐店的老闆娘要熟悉且同時應對多項作業，因此養成教育曠日廢時，所以有句台語俗話說：「生意仔歹生」，但親切的老闆娘真正厲害的是過目不忘的識人功夫，根據大腦中的資料庫，點什麼餐、飲料冷熱、糖幾顆、…，老顧客根本不需要點餐，或只要簡單說一聲:「照舊」，老闆娘便以人類智慧完成點餐服務的「客製化」、「自動化」。

但得來速的系統可持續進化，車道入口裝置車牌辨識器或手機感測器以辨認消費者，搭配客戶服務系統取出歷史點餐紀錄，一樣可以達到老闆娘的智慧！

科技演進的契機？

改變、創新是一種理想，如何執行、落實呢？

人工盤點進化到 Bar Code 盤點，除了改變工作習慣外，Bar Code 成本是最根本的關鍵，1985 左右筆者剛進入職場，我的公司是進口高級運動休服飾的代理商，公司引進了 Bar Code 系統，整個百貨公司的專櫃小姐都投以羨慕的眼光：「你們是大公司ㄟ！」，因為 Bar Code 的設備與耗材太貴了，只有單價高的產品可以負擔得起，因此無法普及！

現在連飲料、衛生紙、…，幾乎 99.99% 的商品都有 Bar Code，沒有 Bar Code 根本進不了賣場，列印一張 Bar Code 只要幾分錢，整個產業卻升級到半自動化時代，國際零售巨擘 Amazon、Walmart 為了省下龐大人力費用，便會要求供貨商生產商品時必須列印 Bar Code，台灣廠商導入 ERP 系統也同樣是外商要求下所產生的產業升級。

RFID 可以讓庫存盤點由半自動提升至全自動，「成本」仍然是關鍵因素，降低成本的不二法門：量產！

習題

( ) 1. 以下有關商務自動化，哪一個項目是正確的？

(A) 美國是全球商業自動化最高的國家

(B) 解決勞動力短缺最佳方案

(C) 中國人口高齡化全球最嚴重

(D) 購物 APP 是目前最方便的購物模式

( ) 2. 以下有關 Amazon 的商務自動化創新，哪一個項目是錯誤的？

(A) 按一下 Amazon Dash Button 就完成訂貨

(B) Amazon Dash 可以語音訂貨

(C) Amazon Dash 可以掃描訂貨

(D) ECHO 是智慧管家價格太高

( ) 3. 以下有關 Amazon 的行銷三部曲，哪一個項目是錯誤的？

(A) 獲利是根本

(B) 低價是王道

(C) 便利是真理

(D) 全球決勝負

( ) 4. 以下有關編號管理，哪一個項目是錯誤的？

(A) Bar Code 是二維條碼

(B) QR Code 可儲存大量資料

(C) RFID 採用無線掃描

(D) Bar Code 是一組粗細不一的線條

( ) 5. 以下有關 RFID，哪一個項目是錯誤的？

(A) 又稱為無線射頻技術

(B) 作業效率遠高於條碼

(C) 可以整批掃描

(D) 目前所有商品都附有 RFID 標籤

(　　) 6. 以下有關 RFID 應用，哪一個項目是錯誤的？

(A) 可使用於門禁管理
(B) 微波發射影響健康
(C) 可使用於大眾運輸收費
(D) 可使用於高速公路收費

(　　) 7. 以下有關產業自動化，哪一個項目是正確的？

(A) 自動化是失業率提高的主因
(B) 工作週而復始是幸福的
(C) ATM 屬於金融自動化
(D) 創新屬於 3D 產業

(　　) 8. 以下有關 GPS，哪一個項目是正確的？

(A) 小布希政府開始研發
(B) 各國獨立研發
(C) 是全球定位免費系統
(D) 只能作區域定位

(　　) 9. 以下有關 NFC，哪一個項目是錯誤的？

(A) 是近距離通訊技術
(B) 由 RFID 演變而來
(C) A 裝備可瀏覽 B 設備中的信息
(D) APPLE 獨立研發

(　　) 10. 以下有關行動支付，哪一個項目是錯誤的？

(A) 微信支付是信用卡概念
(B) PayPal 是第三方支付
(C) 支付保是電子支付
(D) Apple Pay 是信用卡支付

(　　) 11. 以下有關 i-Beacon，哪一個項目是錯誤的？

(A) 屬於低功號藍牙技術
(B) 由蘋果電腦開發
(C) 是一種是外定位技術
(D) 多用於商場內導航

( ) 12. 以下有關 i-Beacon，哪一個項目是錯誤的？

(A) 比 GPS 定位更精準
(B) 又稱為 NFC 殺手
(C) 精準度達 2 公尺
(D) 使用 Wi-Fi 技術

( ) 13. 以下有關 i-Beacon 整合商務創新，哪一個項目是錯誤的？

(A) 將店外的行人吸引到店內
(B) 吸引店內顧客的注意
(C) 在賣場中發送精準商品、優惠方案
(D) 是 Ericsson 開發的技術

( ) 14. 以下有關實體賣場與網路商場的比較，哪一個項目是錯誤的？

(A) 實體賣場服務、體驗、互動較佳
(B) 網路商城比價較方便
(C) 網路商城免稅
(D) 實體賣場兼具休閒功能

( ) 15. 以下有關 VR、AR、MR，哪一個項目是錯誤的？

(A) MR 可與環境互動
(B) AR 稱為虛擬實境
(C) VR 與實體環境脫離
(D) MR 稱為混合實境

( ) 16. 以下有關 VR、AR、MR 的產業應用，哪一個項目是錯誤的？

(A) 物流小幫手是 VR 應用
(B) 由影子陪跑是 IOT 與 A 結合
(C) 由影子陪跑是 Adidas 的創舉
(D) 虛擬試衣是 AR 應用

( ) 17. 以下有關 VR、AR、MR 的產業應用，哪一個項目是錯誤的？

(A) 遊戲業者不看好發展前景
(B) 對房仲業作業效率有很大提升
(C) 虛擬購物商城採用 MR 技術
(D) 對醫師臨床實習有很大幫助

(　　) 18. 以下有關產業自動化，哪一個項目是錯誤的？

(A) 得來速作業方式是 SOP

(B) 得來速的服務優於早餐店老闆娘

(C) SOP 是標準化作業程序

(D) SOP 日後將有可能結合 AI

(　　) 19. 以下有關科技演進，哪一個項目是正確的？

(A) Bar Code 全面實施是因為成本大幅降低

(B) 國際大廠要求台廠技術升級是無理的

(C) 目前 Bar Code 每張成本超過 0.5 元

(D) 台廠技術升級的推手是政府

CHAPTER

4

社群 - 創新商務模式

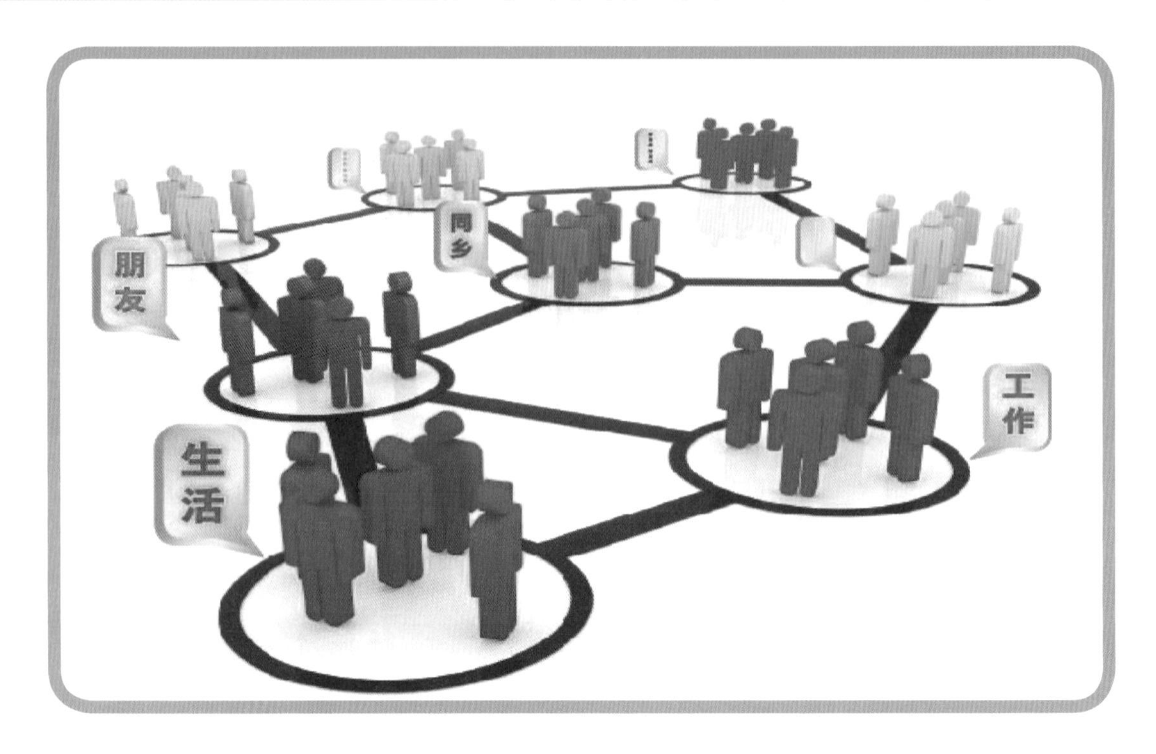

關於「電子」商務，上一個單元談的是自動化，提升：生產效率、交易效率、服務效率，這個單元我要談的是「通訊」。

口耳相傳的時代，好事、壞事都可以：一傳十、十傳百」…，使用電報、電話可以縮短 2 個人的距離，但對於訊息的傳遞還是屬於半自動，使用網站、行動裝置，透過各式各樣的社群網站、APP 將所有人串聯起來，人際關係形成一個大網絡，所有訊息暢通無阻，而且是即時的！

「有人潮就有錢潮」是商場上不變的鐵律！通訊、網路、APP 將人串連起來後可以產生什麼效益呢？

人湊在一起當然就會聊是非，往好的方向就會產生以下的發展：

聊是非 → 分享生活經驗 → 分享好東西 → 商品推薦 → …

沒錯！人湊在一起就方便搞行銷了！

訊息傳遞的演進？

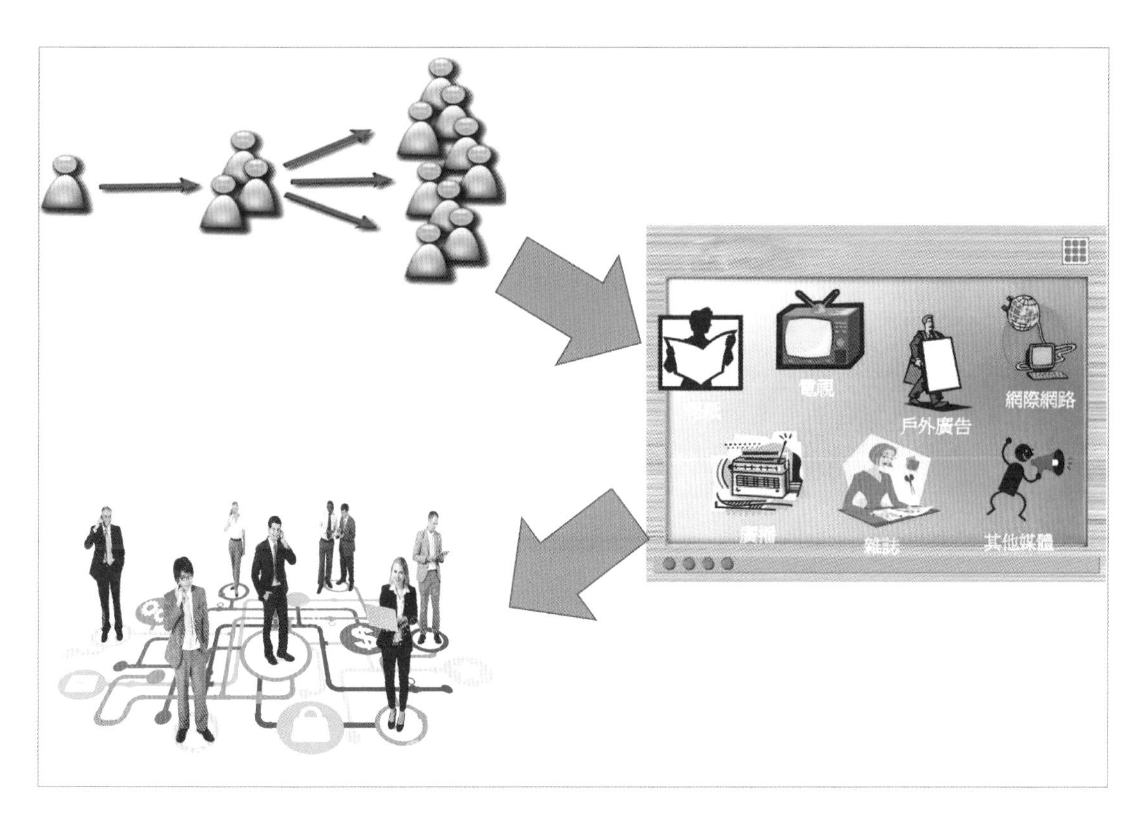

訊息傳遞工具的演進分為以下 4 個階段：

人傳人	口耳相傳 → 書信傳遞 缺點：有時間、地點、能力的限制。
有線網路	電報 → 傳真 → 電話 → 網路 效益：時間大幅縮減，有彈性、跨越地域。
無線網路	無線網路 + 行動裝置（手機、平板、筆電、眼鏡、手錶、…） 行動裝置讓人們隨時、隨地都可以傳輸訊息。
物聯網	萬物皆可聯網，例如：行進的車子互相傳遞訊息、火警偵測器傳遞煙霧訊息給消防系統、…。

 電話與 LINE 的差別？

舉例說明如下：

一個老師要經營一個班級，隨時得和家長們聯繫，傳統的電話是即時的、一對一的，即時是優點更是缺點，沒接通就必須再打一次，除非加裝留言功能，否則家長無法知道誰打電話來了，後續處理相對複雜，就算都一次接通，一個班老師必須打 30~40 通電話。

電話是一對一，後來雖然進步可以多方同時通話，但由於是即時的特性，要約定所有家長同一時間通話幾乎是不可能，而目前的通訊軟體 APP，例如：LINE、WeChat、…，都具備：非即時、多對多的功能。

老師在通訊 APP 建立一家長群組，邀請所有家長加入，老師將訊息發布到群組中，老師只要發一次訊息（可以是文字或語音），家長們可以挑自己有空的時間接收、處理、回應訊息，更可直接與老師以通話功能做 1 對 1 電聯，更可以做群組視訊、通話。

傳統網頁與社群網頁的差別？

被動式、1對多

主動式、社群串聯

傳統網頁有以下 2 項主要功能：

A. 發布訊息：政府資訊、企業資訊、商品資訊、…

B. 網友回應：布告欄、訂單、意見調查、…

社群網頁的重點在於「社群」的串聯，有 2 個重要發展：

A. 無限延伸：朋友的朋友的朋友…

B. 分門別類：工作夥伴、健身的朋友、小學同學、同鄉會

無限延伸產生的效益的就是「人潮就是錢潮」，分門別類延伸的效益就是「精準行銷」，再來；傳統網頁是被動式的等待網友上網查詢資料，社群網頁卻是主動性將資訊推播給無限延伸的目標對象。

社群網頁會根據每一位網友的個人資料，以人工智慧搜尋失聯的親友、可能認識的朋友、建議認識的朋友、…，因此會主動式的持續擴大社群範圍，作者我就因此找到 40 年前失散的專科同學。

主流社群媒體

	全球	中國	台灣
社群網站	f	人人网 renren.com	f
微網誌		新浪微博 weibo.com 腾讯微博 t.qq.com	f
行動社群	WhatsApp	WeChat	LINE f
打卡服務		Jiepang.com 街旁	f

目前社群媒體有 4 種主要經營型態：網站、微網誌、行動社群、打卡服務。

台灣人口少、市場小，市場上很容易接受外來商品、服務、文化，本土企業在缺乏資金、人才與國家政策支援的情況下，很難獨立開發系統與外商作競爭，因此台灣的軟體產業發展、社群媒體發展也都一面倒的使用舶來品：

- Facebook：臉書，是全球使用率最高的社群網站。
- LINE：是日本發展的社群通訊軟體，也是台灣人的最愛。

中國有 14 億人口，對於通訊、社群有嚴格的管制與監控，大型國際軟體公司如 Google、Facebook 都因為個資法保護的堅持，無法進入中國發展，因此我一進入中國地區工作，LINE、Facebook 就無法使用，龐大的人口加上制度的保護，中國的社群通訊培養出許多世界級的企業，其中騰訊就是最大的巨獸，聊天、聽音樂、看影片、電子支付、打遊戲、…，全部都是騰訊，目前騰訊已在香港掛牌上市。

社群通訊軟體比較

社群通訊軟體隨著時代的演進有非常快速的改變與發展，使用 Facebook 就洩漏自己的年齡了，因為新的世代根本不用 Facebook，文字模式為主體的溝通方式是 LKK 的玩意了！現在的年輕人的溝通以圖片、聲音、影片為主，隨時拿出手機拍拍拍 → 上傳，是使用照片、影片寫日記的時代了！他們用的是 Instagram。

目前中國社群通訊軟體最大的是 WeChat，儘管中國有 14 億人口，WeChat 的市場佔有率在全世界排名只有第 5，美國只有 3 億人口，WhatsApp 卻是全球排名第 1，開放、競爭是進步的不二法門，WhatsApp 的成功是經過全世界使用者驗證過的，WeChat 卻只能在封閉的中國市場中，研發只適合中國人使用習慣的軟體。

我相信，中國要進入下一輪的世界競爭，必須堅持改革開放的路線！

微網紅行銷

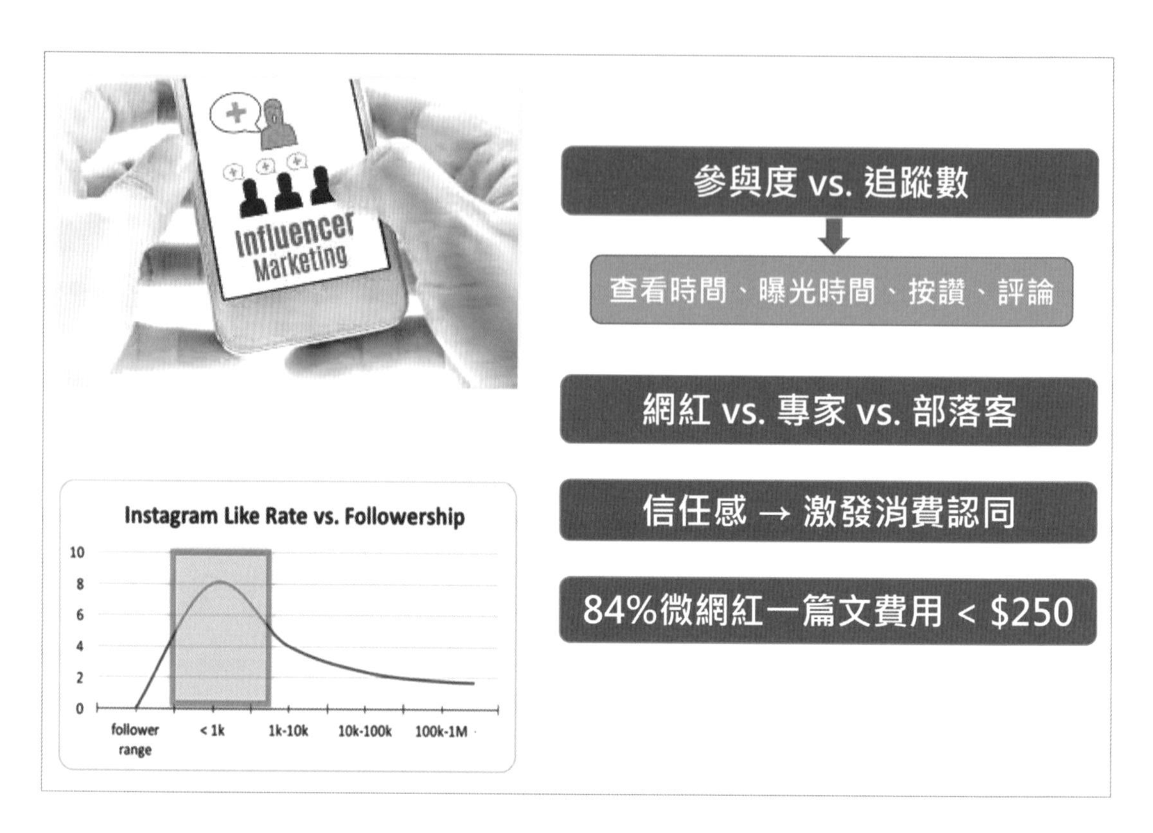

找大牌明星代言透過電視、電影、報紙、…等主流媒體做行銷，絕對可以吸引消費者眼球，卻不一定可以產生實質營收，更重要的是小型企業根本無力負擔龐大的行銷費用。

另外一個思考點：明星代言所產生的是一個夢幻的感覺，並不真實，對於一般庶民而言並沒有說服力，鄰家女孩、隔壁大嬸、社區大叔的代言，對於某些產品反而更具有說服力，例如全聯大叔就跟你我一樣：土土的、很真實！

行動裝置普及後，一支手機到處拍，一個妹妹到處演，上傳網路後就成為網路藝人，一不小心就成為網紅了！因為影片製作成本低、技術門檻也低，因此網紅經濟大行其道。

請網紅為企業、產品代言有以下 2 個優勢：

A. 庶民認同度高，容易產生口碑行銷效果。

B. 行銷成本低，行銷企劃可多元、即時發展。

直播：實體零售新通路

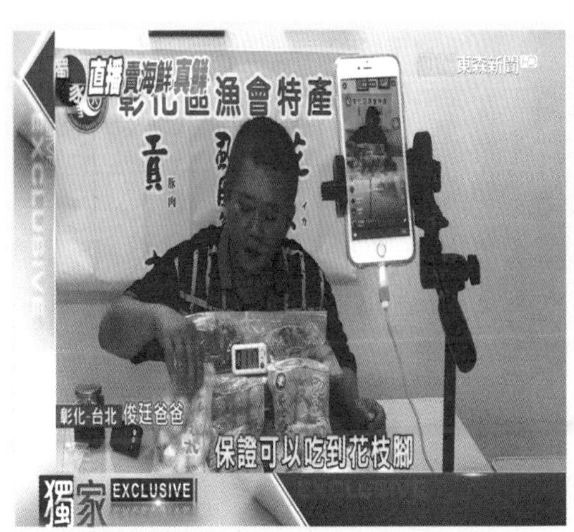

市場叫賣是傳統商業行銷的一門技術，俐落的叫賣聲、節奏明快的口條，吸引現場消費者圍觀，如今透過網路，叫賣也以直播的方式呈現在消費者的手機上，達到行銷零距離、零時差。

傳統市場叫賣有時間的限制、場域的限制、觀眾數的限制，透過網路直播，以上的限制都解除了，除了可以進行即時的現場叫賣，更可將商品介紹影片放在網站上，訂閱影片的消費者進行非同步觀看，搭配目前發達的物流系統，生鮮商品一日配送到府已不是問題，台北人可透過網路訂購高雄的漁獲、農產品，網路叫賣為傳統產業開啟一條新通路！

微電影行銷

Holly Wood 所拍的電影大多是大製作、大卡司、大資本，當然也希望產生大賣座！

「微」電影是啥呢？也是拍電影，小製作、素人、小成本，專門針對當下市場熱門議題所製作的短片，例如：學生為了專題作業所拍攝的影片、廠商為某一小眾族群或主題行銷所拍的短片。

商場上競爭的企業經常使用微電影做為即時行銷的工具，例如本單元影片中：蝦皮購物與 PCHOME 兩家網路商店業者，利用微電影所進行的行銷大戰，因為成本低所以可以即興拍攝，要的效果是市場狀況的即時回應，或以即時創意引起市場目光，常常可以達到小兵立大功的行銷效果。

Holly Wood 拍的電影就有如滿漢大餐，微電影就有如街邊小吃，各有各的消費族群，行動商務的興起才造就了微電影行銷的可能性。

社交 VR

媒體的演進：文字 → 圖片 → 聲音 → 影像，不斷的進化，一部好的小說：被印成紙本、說書、拍成連續劇、拍成電影，產生的影響是倍數擴大的，因為情境越來越真實。

人透過網路產生連結，電報 → 傳真 → 電話 → 網路訊息 → 網路電話 → 網路視訊，一步步地提高互動情境的真實性，因為距離始終存在。

VR 虛擬實境讓人可以融入虛擬的電腦情境影像中，目前遊戲業者將：VR、網路、遊戲 3 個元素結合起來，開發出 VR 社交遊戲，網路上的朋友可以透過 VR 情境作零距離的游戲互動，讓互動情境產生質的變化。

人口高齡化已是全球關注的問題，遠距照護是一個必然的趨勢，VR 的應用可以讓老人所面對的不再是冰冷的電腦，VR 提供的是一個質感的提升，當然目前 VR 頭盔還有很大的進步空間，但隨著技術不斷革新，科幻電影中的虛擬人像技術未來一定會成真。

Facebook—世足賽

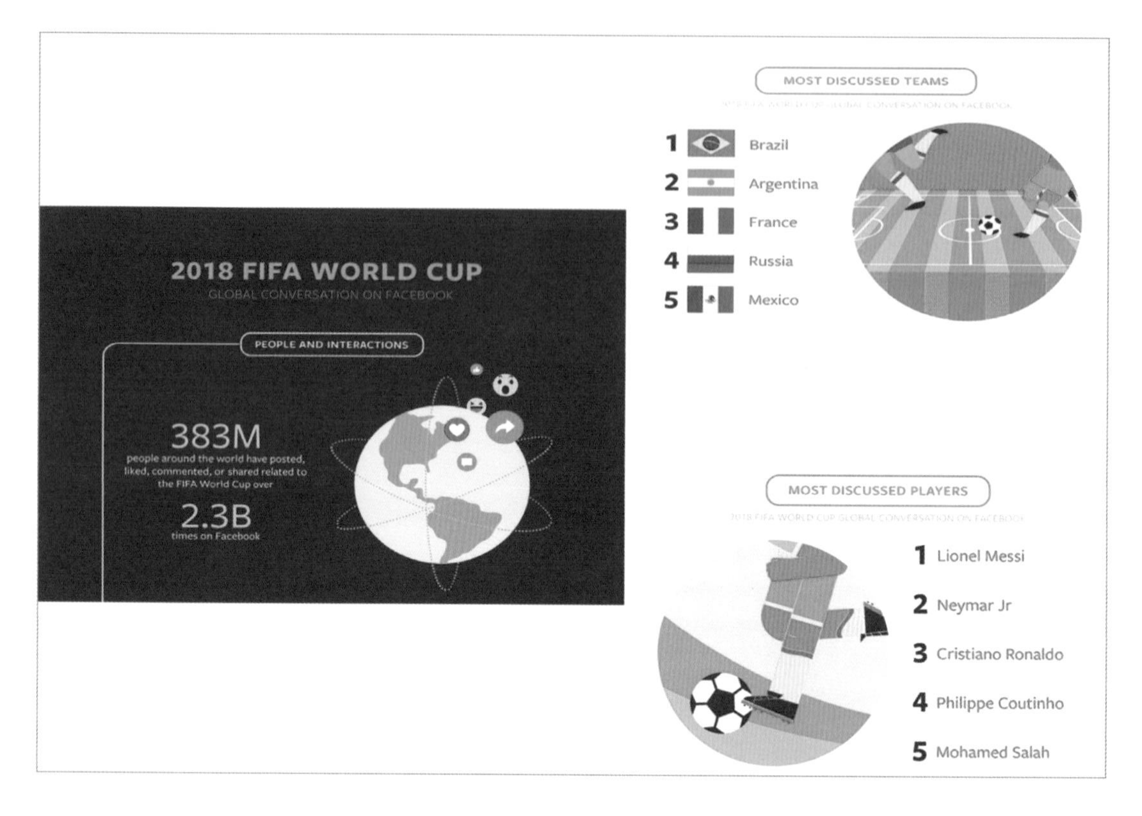

2018 世界盃足球賽，在 Facebook 上全球有 2 億 8 千 3 百萬人關注、評論，在上面的關注、互動更高達 23 億次，就如同全球的觀眾共同欣賞一場賽事，互相討論、加油、讚嘆、瘋狂，這就是一個地球村的概念，網路社群將全世界的足球迷串連在一起。

由統計資料顯示：

- 最吸引球迷的 5 支球隊依序為：
  1. 巴西　2. 阿根廷　3. 法國　4. 俄羅斯　5. 墨西哥
- 最吸引球迷的 5 個球星依序為：

1. 梅西　2. JR　3. C 羅　4. 庫蒂尼奧　5. 沙拿

創新：餐飲界的亞馬遜

中國崛起的時程較晚，許多基礎建設尚未到位，因此實體經濟的發展更是受限，外食族去餐廳吃一頓飯要花多少時間？在台灣生活的人，習慣了街頭巷尾都是餐廳、小吃，巷弄內都是便利商店，所以無法感受「用餐方便性」原來是一個如此重要的議題。

泡麵在中國又稱為方便麵，2013 在中國的年銷售量達到 462 億包，為什麼呢？因為：經濟 + 方便，但隨著所得提高，方便麵的年銷售量開始呈現大幅度衰退，因為對於所得較高的都會人口而言，「經濟」不再是重要考量點，熱騰騰的美食誰不愛！

中國的美團外賣，整合所有餐廳菜單，為消費者提供單一訂餐入口，等於是餐飲界的亞馬遜，為消費者提供絕佳的便利性，為餐廳提供：接單、外送業務，為小餐廳提供網路行銷與配送的完整方案，是一種 3 贏的創新商業模式。

目前美團外賣在香港掛牌上市，燒錢補貼的經營模式正接受市場嚴厲考驗，能否像 Amazon 一樣產生飛輪效應，還有待時間證明！

低價 + 社群

日本經濟衰退 30 年了！日本人的消費習慣也產生很大的變化，百元商店興起就是國民購買力大衰退所產生的現象，DAISO 就是日本低價商品代表企業，美國也有 BRANDLESS（無商標產品）的低價商品，但並不盛行。
（註：日幣 100 圓約等於台幣 30 元，約等於美金 1 元）

在中國崛起的年代，拚多多居然在淘寶、京東、蘇寧、…等大型電商盤據的市場中殺出一條血路，將市場定位在 3、4、5 線偏鄉、低所得城市，提供超低價商品吸引消費者，低價人人都會，拚多多的低價還多了一個元素：拚單（揪團併單），消費者可以揪團共同採購，以量跟廠商議價，實體經濟中辦公室團購就是一例，但實體中揪團的力量不夠大、不夠方便、不夠即時，到了網路通訊時代就是個完美的商業模式。

目前拚多多吸引了 3 億中國消費者，在美國掛牌上市，但「偽、劣」商品的經營模式正接受市場嚴厲考驗，反觀網路的 Amazon、實體的 Costco，同樣低價但卻是嚴選商品、慎選廠商，以客為尊的經營理念！

智慧行銷：雲端 + AI

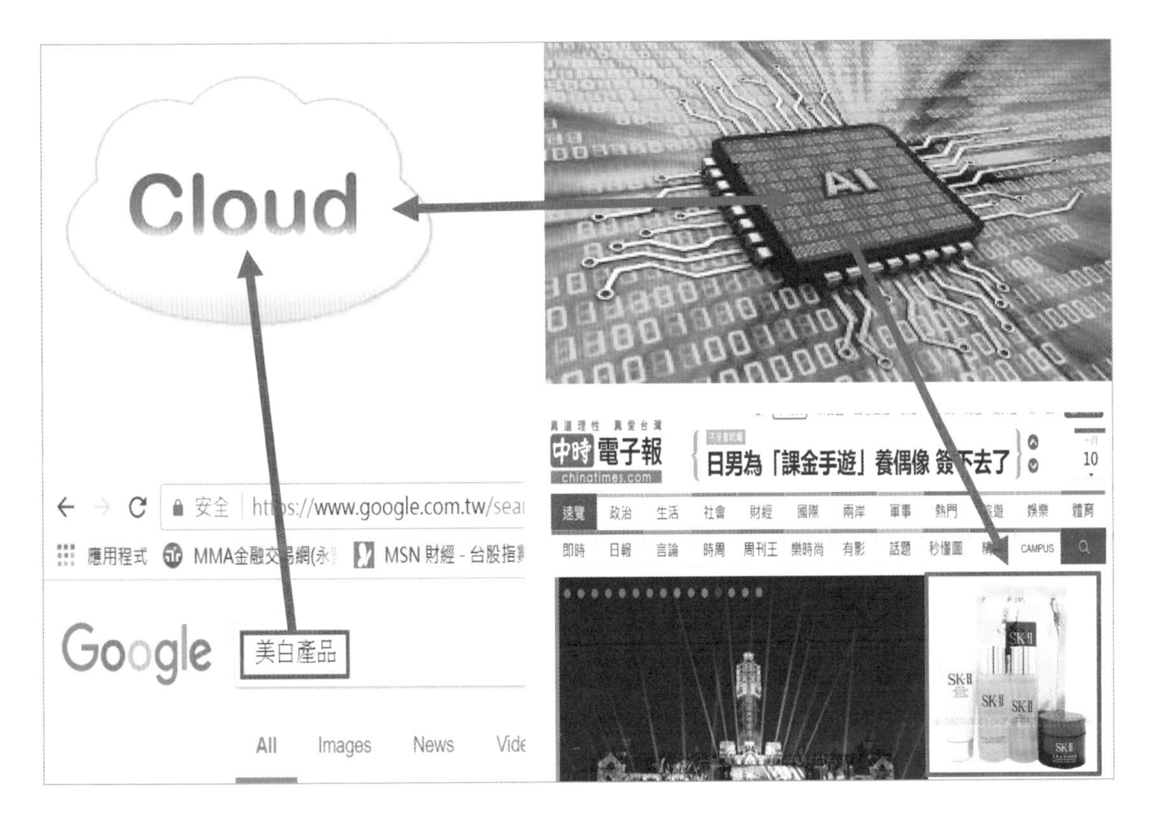

網路平台很貼心，好像我肚裡的蛔蟲，都知道我愛聽什麼音樂？喜歡哪一位歌手？連續劇追到哪一集？甚至我想買什麼東西都知道！天啊！一定有駭客躲在我床下，偷窺我的一舉一動！

的確有人偷窺，但卻是躲在螢幕後方！你在網路上所有的操作行為都被記錄下來，因此當你進入 YouTube 時，你的首頁上就最會出現你喜愛的歌手或相關歌曲，登入 Google 時，就會出現你預計購買商品的相關廣告，這不是巧合，是 Cloud 雲端資料庫、AI 人工智慧的結合。

有一位老教授問我：「Google 所有的服務消費者都不用付費，那 Google 靠什麼賺錢？」，消費者不用付錢是因為簽了賣身契，Google 將你的行為賣給相關廠商，例如：你上網搜尋「美白」，一星期內跟你一樣的消費者假設有 2,000 人，這一份名單賣給 SK-II 就值錢了，目標精準的潛在消費者名單，千金難買！

Google、YouTube、…，免費的服務誰能抗拒，記得！現代經濟的重要課題之一：「找到對的人來買單！」。

智慧行銷：Data Mining

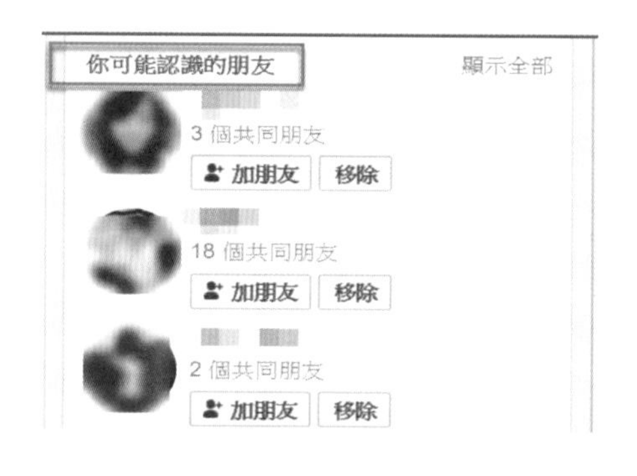

雲端的海量資料（Big Data）潛藏許多未知的商機，就如同地表下擁有豐富的礦藏，大量的礦石中又可淘出珍貴的寶石或特殊金屬，由大量資料中篩選出有用的資訊就稱為「資料探勘（Data Mining）」。

最有名的案例如下：

Amazon	根據巨量資料找出買 A 產品的客戶，同時也買了那些 B、C、D…產品，這是一個非常精準的客戶行銷方案。
Facebook	由巨量資料中，搜索每一個用戶的朋友網絡，找出可能的連結，進而產生： A：你可能認識的人… B：推薦朋友名單…

資料探勘與統計學的差異：

統計學	探討的是將已知資料作整理，成為易於掌握、管理的精簡資訊。
資料探勘	由海量資料找出未知的資訊。

通路為王 → 社群經營 → 智慧雲端

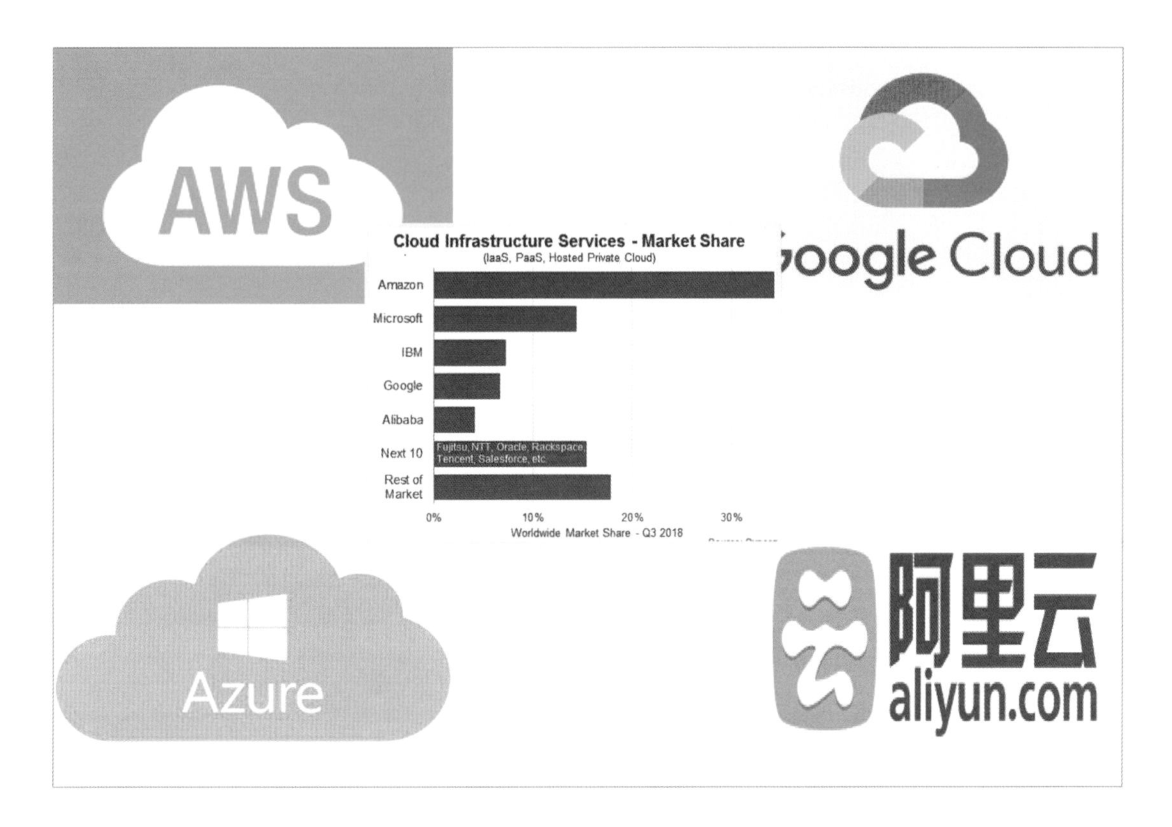

全球最大的網路服務商是誰？

　　當然是 Google…，錯錯錯！是 Amazon！

入口網站的時代，Google 是網路巨擘，人人上網的首頁都是 Google，搜尋資訊、商品、…，當然還是 Google，Amazon 也必須到 Google 去登廣告，所以各位大大都會認為全球最大的網路服務商是 Google。

電商時代來臨，消費者購物直接上 Amazon，因為 Amazon 的購物搜尋引擎設計的比 Google 還方便、貼心，消費者背叛了，網路巨擘的寶座也易主了！Amazon 是全球第一家進入網路服務業務的廠商，目前市佔率已超過 50%，Google、微軟、阿里都只能在後面苦苦追趕。

Amazon 的電商平台就是一個成功通路，這個通路又結合 Cloud、AI，因此在社群經營上更是無人能敵，Amazon 的成功不是偶然，是企業創新 DNA 的開花結果，電商起家的 Amazon 卻是十足的科技創新企業，因為企業的中心思想：「客戶滿意」！

消費者個資

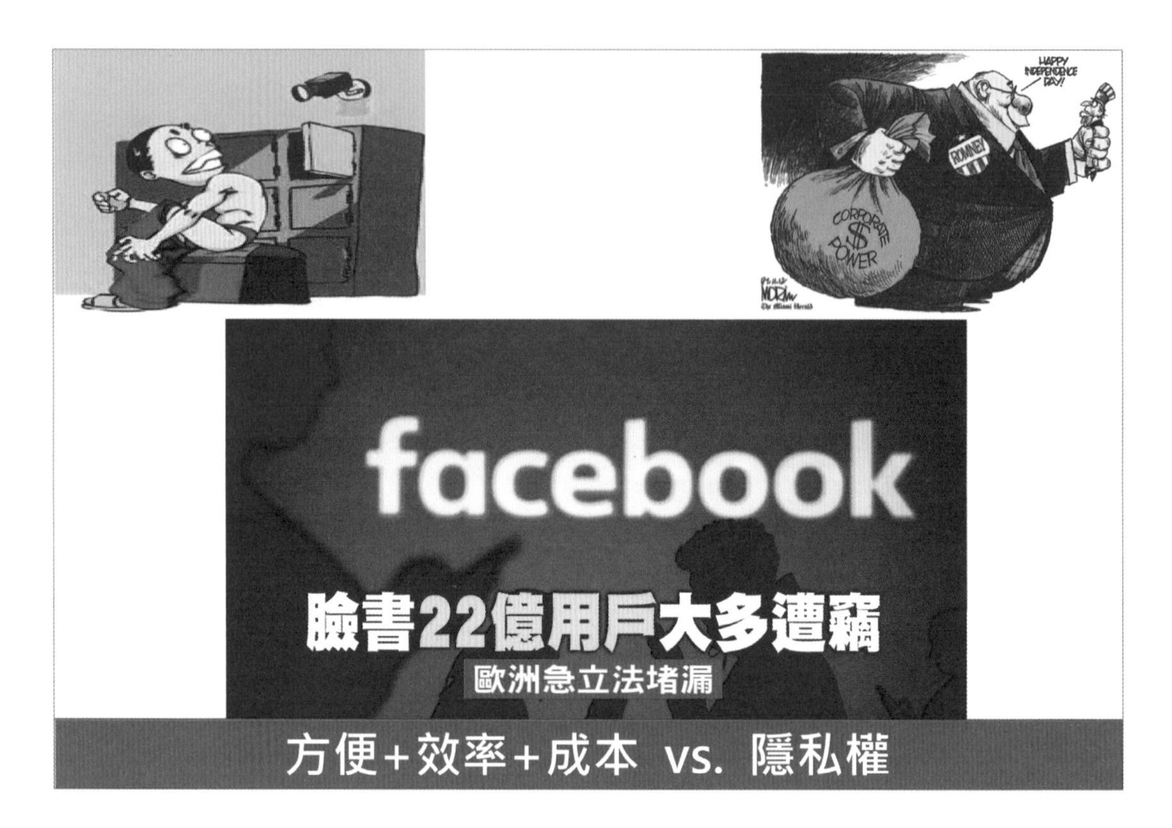

網友雖然簽了賣身契，個人資訊可以供企業使用，但仍必須在一定的規範下進行，Facebook 為了快速擴展業務，將 FB 用戶個資開放給所有合作的第三方開發商，臉書被爆出 5,000 萬筆個資遭外洩濫用，並於 2016 年美國總統大選時干涉選舉，CEO 佐伯克也被美國國會立案調查，美、德兩國近 6 成民眾對臉書不信任，企業陷入危機。

已故 APPLE 總裁賈伯斯，在 2010 年就對 FB 濫用個資的快速發展模式提出警告：「消費者個資必須謹慎使用，要不厭其煩地提示消費者，他的資訊如何被使用」，而不是簡單在網頁上標示「公開 / 不公開」的選項，這是一個永續經營企業的商業抉擇。

一個企業崛起靠的是機會與智慧，但想要成為百年企業卻必須有「以客為尊」的經營理念，剃羊毛的商業手法只能短期成長，是走不遠的！

習題

(　　) 1. 以下有關社群，哪一個項目是錯誤的？

(A) 有人潮就有錢潮
(B) 人湊在一起就方便搞行銷
(C) 網路社群聊是非無法創造商機
(D) 人際關係形成一個大網絡

(　　) 2. 以下有關訊息傳遞，哪一個項目是錯誤的？

(A) 物聯網技術讓萬物都可傳遞訊息
(B) 口耳相傳的速度超過網路
(C) 物聯網是偵測器與無線網路的結合
(D) 無線網路 + 行動裝置創造了行動商務

(　　) 3. 以下有關電話與 LINE，哪一個項目是錯誤的？

(A) 電話是即時的因此較方便
(B) LINE 可以即時通話
(C) LINE 可以群組通話
(D) LINE 可以多對多訊息傳遞

(　　) 4. 以下有關傳統網頁與社群網頁，哪一個項目是錯誤的？

(A) 傳統網頁主要功能：發布訊息、網友回應
(B) 社群網頁重要發展：無限延伸、分門別類
(C) 分門別類的效益是精準行銷
(D) 找到失散的朋友沒有商業價值

(　　) 5. 以下有關主流社群媒體，哪一個項目是錯誤的？

(A) FB 是台灣最流行的社群網站
(B) WeChat 是中國最流行的社群 APP
(C) LINE APP 在中國很流行
(D) 美國年輕人大多使用 What'sAPP

(　　) 6. 以下有關社群通訊軟體，哪一個項目是錯誤的？

(A) FB 使用者年齡層偏高
(B) Messanger 是微軟的產品
(C) What'sApp 全球市佔率最高
(D) 年輕人大多使用 Instaram

(　　) 7. 以下有關網紅行銷，哪一個項目是錯誤的？

(A) 是一種庶民代言
(B) 行銷成本低
(C) 適合突發性議題的回應
(D) 以上皆是

(　　) 8. 以下有關網路直播，哪一個項目是錯誤的？

(A) 是一種新的行銷手法
(B) 應用在傳統叫賣可跨越地理限制
(C) 只能採取即時播放
(D) 行銷零距離、零時差

(　　) 9. 以下有關微電影行銷，哪一個項目是錯誤的？

(A) 成本低行銷效果有限
(B) 小兵立大功的行銷效果
(C) 小製作、素人、小成本
(D) 針對當下市場熱門議題所製作的短片

(　　) 10. 以下有關社交 VR，哪一個項目是錯誤的？

(A) 可以遠距互動
(B) 應用在遠距照護很有商業價值
(C) 虛擬可提升互動情境
(D) 那只是科幻片的情節

(　　) 11. 以下有關 2018 世足賽，哪一個社群網站聚集了 2 億 8 千 3 百萬人關注、評論？

(A) Instegram
(B) FB
(C) 微博
(D) What'sAPpp

(　　) 12. 以下有關餐飲界的 Amazon，哪一個項目是錯誤的？

(A) 美團外賣
(B) 已經獲利
(C) 餓了嗎
(D) 香港上市

(　　) 13. 以下有關低價 + 社群，哪一個品牌是價廉但強調物美？

(A) Costco
(B) BRANDLESS
(C) 拚多多
(D) DAISO

(　　) 14. 以下有關智慧行銷，YouTube 網站知道你喜愛的歌星、歌曲，是採用哪一技術？

(A) VR + AI
(B) Cloud + AI
(C) 監控軟體
(D) 大數據

(　　) 15. 以下有關通路為王 → 社群經營 → 雲端智慧，哪一家企業的雲端服務市佔率最高？

(A) Alibaba
(B) Microsoft
(C) Google
(D) Amazon

(　　) 16. 以下有關消費者個資，哪一個項目是正確的？

(A) 全球最大個資洩密案企業是 TENCENT
(B) FB 的 CEO 賈伯斯接受國會調查
(C) APPLE 的 CEO 佐伯克曾對個資使用提出警告
(D) 個資的使用情況必須不厭其煩地提示消費者

CHAPTER

5

物聯網 - 創新商務模式

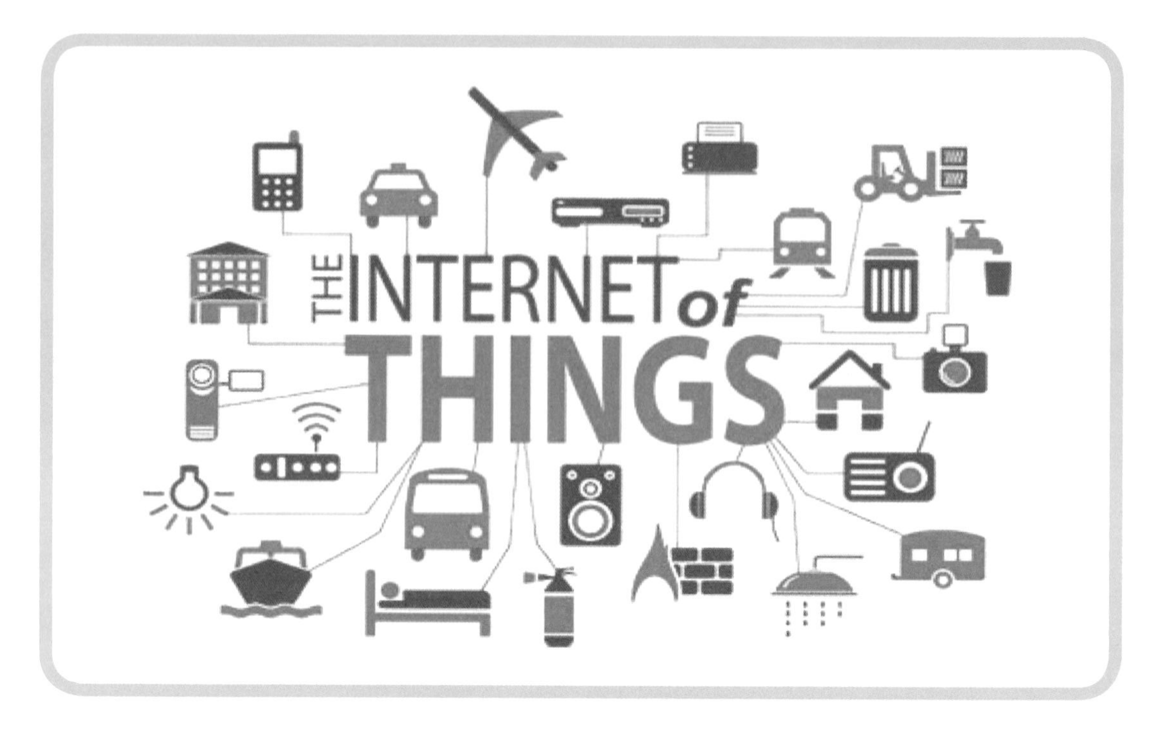

互聯網（Internet）的出現對人類生活產生極大的進化，發展過程如下：

第 1 代：1960 年代由美國聯邦政府投入研發，Internet Of Computer，目的是讓所有電腦能互相連結，達到硬體共享、資料共享的目的。

第 2 代：由於無線通訊技術漸趨成熟，全球無線通訊協定規範整合成功，行動裝置普及率大幅提升，Internet Of People，目的是讓所有的人能互相連結，達到資訊共享、人脈關係共享、商機共享的目的。

第 3 代：全球貿易蓬勃發展，企業量體越來越大，對於採用自動化來提升作業效率的需求也趨於殷切，配合著無線通訊元件成本的大幅降低，萬物聯網成為可能，Internet Of Things，目的是什麼呢？鞋子聯網？藥瓶聯網？衣服聯網？尿布聯網、…。

什麼東西應該聯網？將會如何改變目前生活？可以產生什麼新的商機？就是這個單元所要探討的！

物聯網：裝置的結構

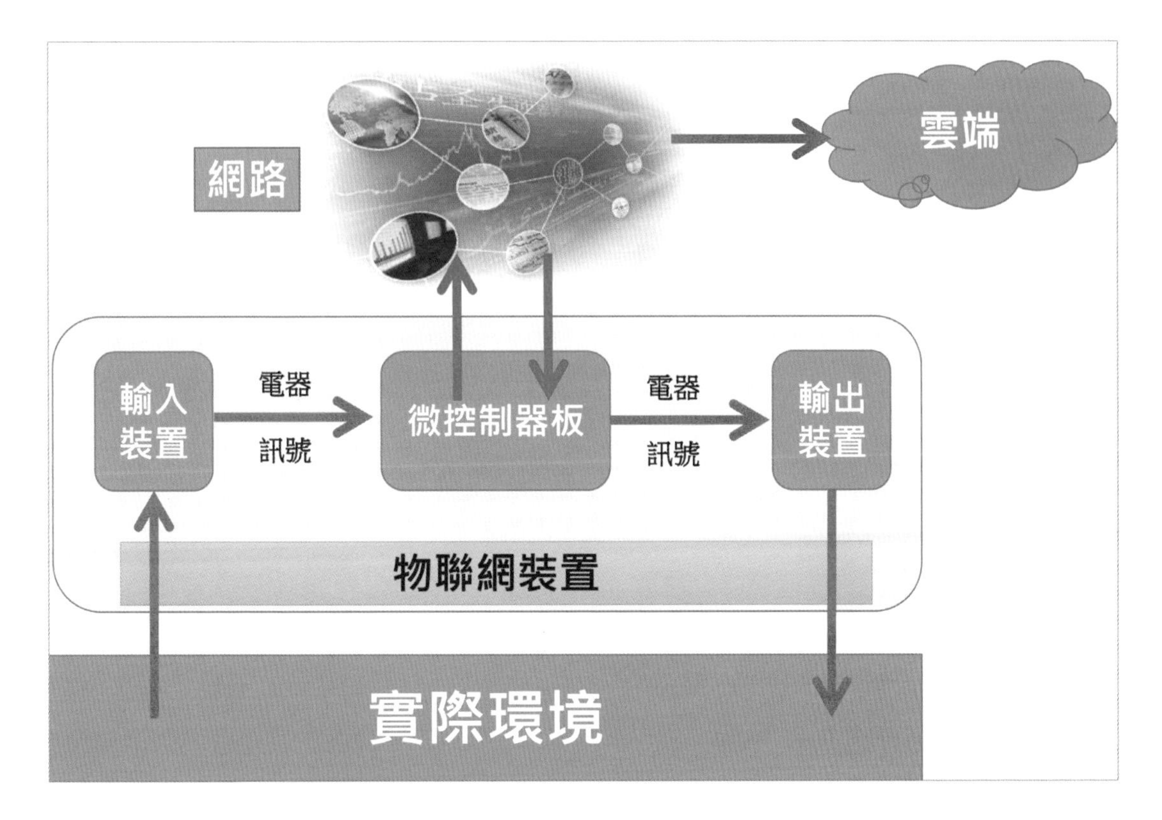

東西要連上網路必須要有網路通訊元件，聯網做什麼呢？當然是為了傳送訊息，所以東西就必須要有蒐集資訊能力的元件，我們稱為感測元件，蒐集的資料傳送到什麼地方呢？為了讓所有人都能使用分享，我們將資料存在雲端。

舉例如下：

- 在田地的土壤中裡放置一個濕度感測器，它會時時刻感測土壤中的濕度，這個感測器必須具備資料傳輸功能（有線、無線皆可），可將資訊傳送動雲端。
  應用 1：根據土壤溼度資料，可自動調節灑水時間。
  應用 2：可以根據植物生長統計資料，分析得出最佳土壤濕度。
- 亞馬遜智慧音箱 ECHO，可以接收語音訊息，連結網路。
  應用 1：生活全能管家，查詢、提醒生活大小事。
  應用 2：訂餐、定位、訂貨的商業應用。

資料儲存的演進

貨幣演進：黃金、銀子 → 紙鈔、硬幣 → 信用卡（電子支付），貨幣流通的方便性與效率大幅提升了。資料儲存媒體近 30 年來也產生了極快速的演進：磁碟片 → 隨身碟 → 雲端。資料型態也改變了，文字 → 圖片 → 影音，因此資料量產生了爆炸性的增長，隨身攜帶的個人資料儲存裝備使用上越來越不方便，因此全部上傳雲端資料庫了。

對於個人產生什麼效益呢？

- 網路雲端幾乎可以提供無限儲存容量。
- 使用雲端資料庫，資料擁有者可以在任何地方、任何電腦，連上網路取得資料。
- 雲端資料由商業組織管理，提供較佳的資料安全管理機制，中毒、資料毀損的機率大幅降低。

對於企業、產業有何效益呢？且看下回分曉！

雲端的商機？

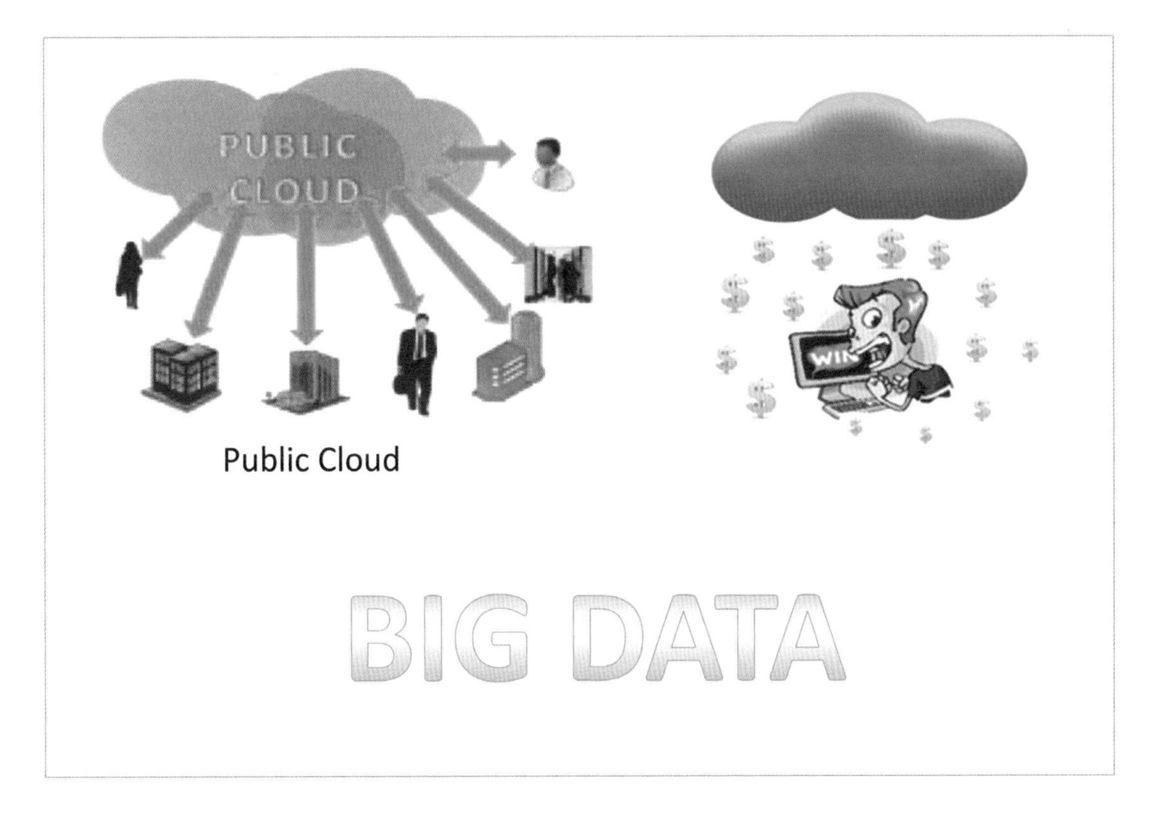

萬物皆聯網，所有資料都上傳雲端，可以產生那些效益呢？有些是已知的，例如對某些現行作業提高自動化效益，有些卻是未知的，就如同挖礦一般，從一大堆土石中篩出有價值的金屬、礦物、玉石、…。

現代全球化企業的量體規模太大，企業決策模式絕不可能再依賴個人的聰明才智，即時、有效的資訊才是決策的依據，對於雲端上的海量資料，多數企業是無法處理的，因此專業雲端服務企業漸漸崛起，為所有企業提供：資料儲存 → 平台管理、資訊提供的多層次服務。

範例：

由於手機聯網，因此你一天所有的移動訊息全部被 Google 記錄並上傳雲端了，窺探你一個人的隱私意義不大，但當 Google 擁有的是所有人的移動紀錄時，會有什麼效益產生呢？將常去百貨商場的整理出一份名單、常旅遊的一份名單、宅在家裡的一份名單、常運動的一份名單、…，開始看出一點效益來了吧…

少子化、高齡化問題

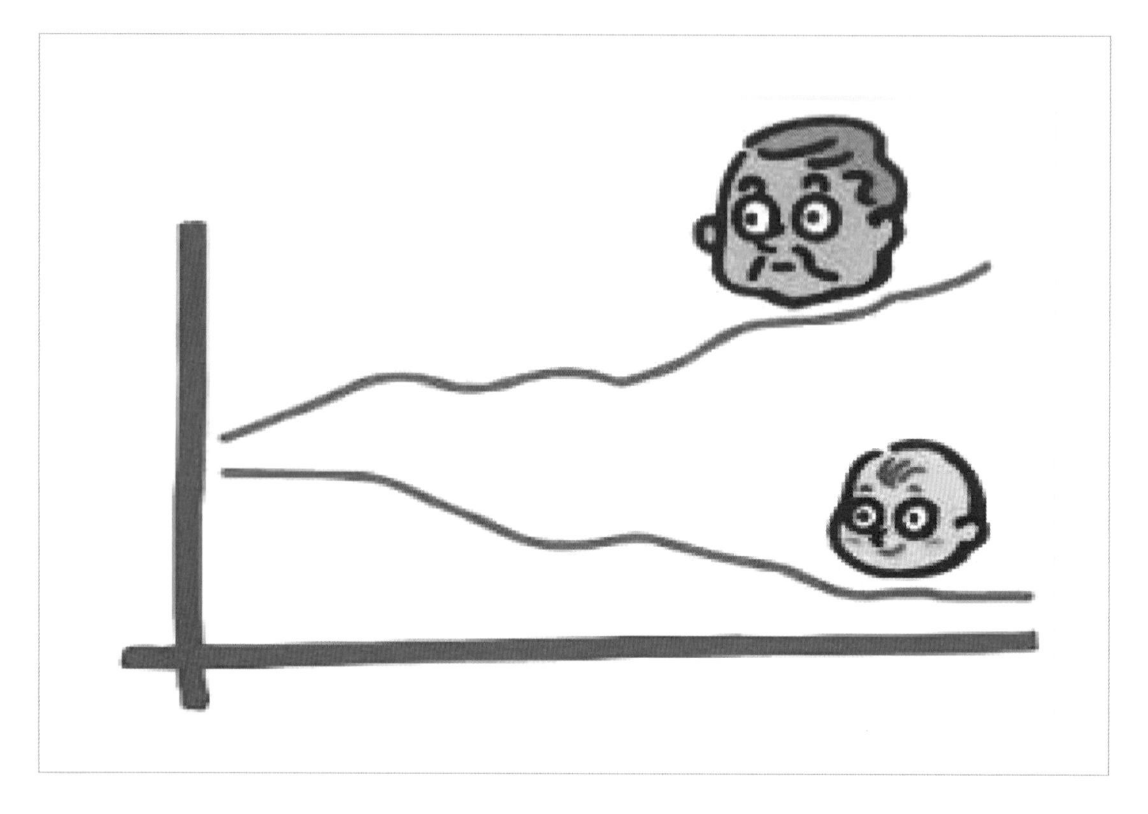

戰後經濟起飛，生活改善了，出生率自然大幅提高了，因此產生了戰後嬰兒潮，人口大幅增長，消費增加了，就形成百業興旺的良性循環。

當薪資隨著經濟景氣不斷提高的同時，若創新不再持續，經濟成長就會陷入停滯階段，因為薪水太高了，產值卻沒有提高，這時候失業率提高了，出生率下降了，人口減少了，就形成百業蕭條的惡性循環。

台灣目前正陷入：少子化 → 高齡化的惡性循環中，日後一個小孩要養 4 個老人，因此除了經濟將不斷惡化，人力更是嚴重短缺，因此各行各業的自動化的需求日益迫切。

日本高齡化比台灣早 10 年發生，經濟不景氣加上長壽，老人的退休金不足以支應退休後的生活開支，因此健康狀況良好的銀髮族，紛紛重新進入職場，老人醫療、照護問題成為國安問題。

建議書籍：《下流老人》

台灣在醫療照護產業的競爭優勢：全民健保

美國是全球公認第一強權，是富人的天堂，卻是窮人的地獄，在醫療照護這個領域的發展遠遠不如台灣，美國窮人生病了，除了等死沒有其他好的方案，因為醫療費用太貴了，因此歐巴馬政府急著推出 Obama Care：窮人的全民健保，以保障窮人就醫的權利。

台灣的全民健保雖然在財務收支設計尚上有瑕疵，又歷經一代健保、二代健保的改良，但跟先進福利國家相比卻毫不遜色，很多定居美國的台灣僑民，大多選擇定期返台健檢、醫療，就可知道全民健保推行的有多成功。

隨著生活、教育水平的提高，醫療資源濫用、醫藥黑洞的問題也逐一獲得解決，台灣全民健保體系的發展朝向良性循環，對於相關產業發展提供厚實的基礎。

台灣在醫療照護產業的競爭優勢：人口紅利

少子化，對小孩的消費就減少了嗎？非也，一個小孩反而當成寶！雖然目前經濟不景氣，但 30 年來藏富於民，因此對小孩的消費更精緻化！

老人變多了，但台灣這群老人卻是在經濟全盛時期賺到錢的那群人，就是消費能力最強的族群，因此我們看到許多退休銀髮族到處旅遊、攝影、健身、趴趴走。

少子化 → 高齡化對一般產業而言是不利因素，但對於醫療、照護產業卻是人口紅利，因為老人變多了，對於醫療、照護的需求變大了，事情都有 2 個面向，積極樂觀的人總是會找到機會！

醫療、照護、健檢、運動產業

醫療、照護、健檢、運動是互為因果的 4 個相關聯產業：

- 平時運動多，健康多很多
- 健檢確實作，疾病不發作
- 照護社區化，醫療效率化

醫療、照護是人力密集的產業，如何提高自動化程度，成為老人化國家的優先課題，台灣已跟隨著日本的腳步進入高齡社會了，利用物聯網穿戴裝置、民眾社區服務站將個人身體資訊上傳雲端，可以將醫療醫學轉化為預防醫學，透過雲端資料庫，醫療、照護、健檢、運動可以形成一個上、下游關係的完整體系，住院、轉診、居家照護的所有資料全部在雲端。

醫療、照護、健檢、運動產業都是附加價值很高的產業，也是有錢又有閒的產業，多金的老年人對於健康的追求，有如秦始皇求長生不老仙丹，各個產業的廠商都可以有意義的解讀雲端資訊，創新商品、服務、商業模式。

台灣在醫療照護產業的競爭優勢：產業基礎

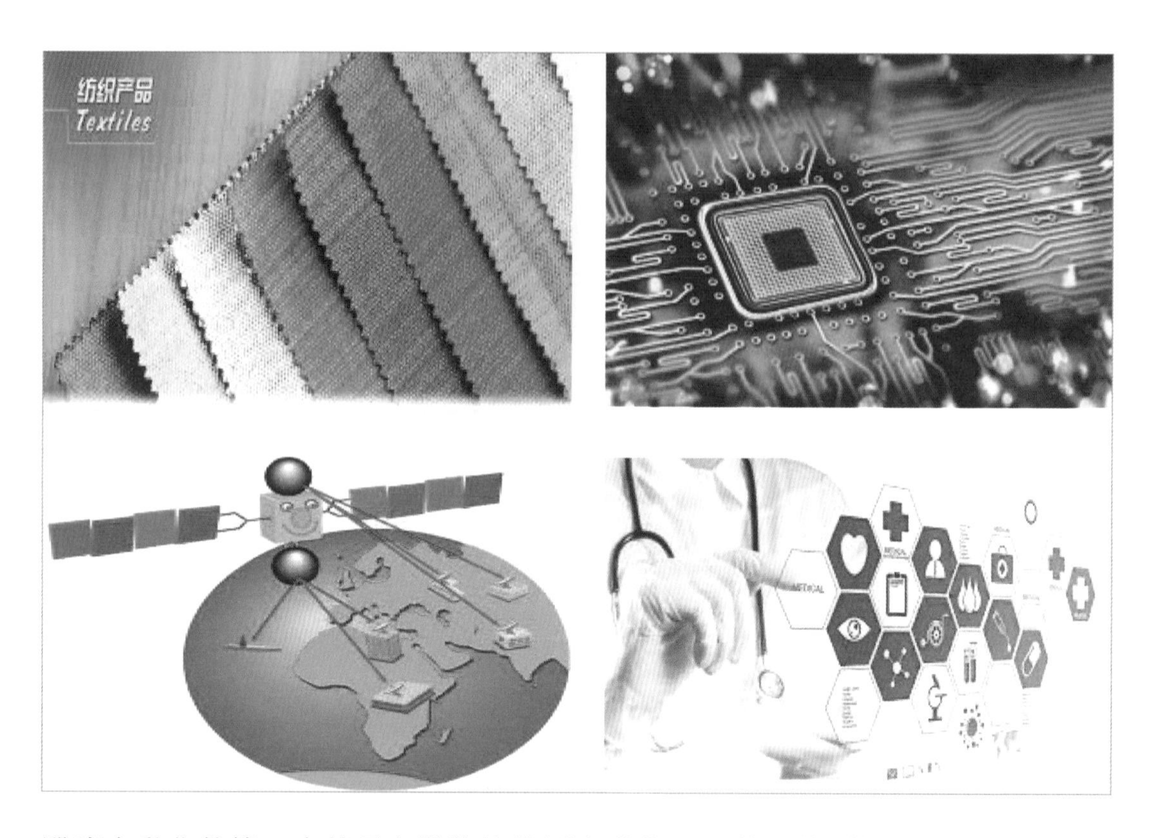

醫療自動化的第一步就是身體狀態偵測自動化，目前最普遍的行動穿戴裝置為手錶，可以偵測心跳、脈搏、體溫、運動量、…，都是一些屬於物理性質的量測，這只是最基本的應用，以衣服作為量測身體狀態的行動穿戴裝置是下一階段研發重點，因為衣服可以吸汗，透過汗液的分析，感測項目更多元，衣服可以大面積覆蓋身體，感測範圍更全面。

台灣在 40 年前靠紡織起家，有很深厚紡織工業基礎，接手的電子製造業更是台灣今天的強項，通訊業是電子業的延伸，台灣自然有一定的底蘊，至於醫療產業…，因為早期政治戒嚴，全台灣一流人才都去讀醫科（避免惹禍上身），因此醫療產業更是台灣的強項。

利用紡織技術將電子線路、感測、通訊元件植入布料中，將人體作 24 小時偵測監控，資訊上傳雲端後結合醫療系統作追蹤與管控，這就是本單元的主題：醫療資源產業的整合。

台灣在醫療照護產業的競爭優勢：自動化

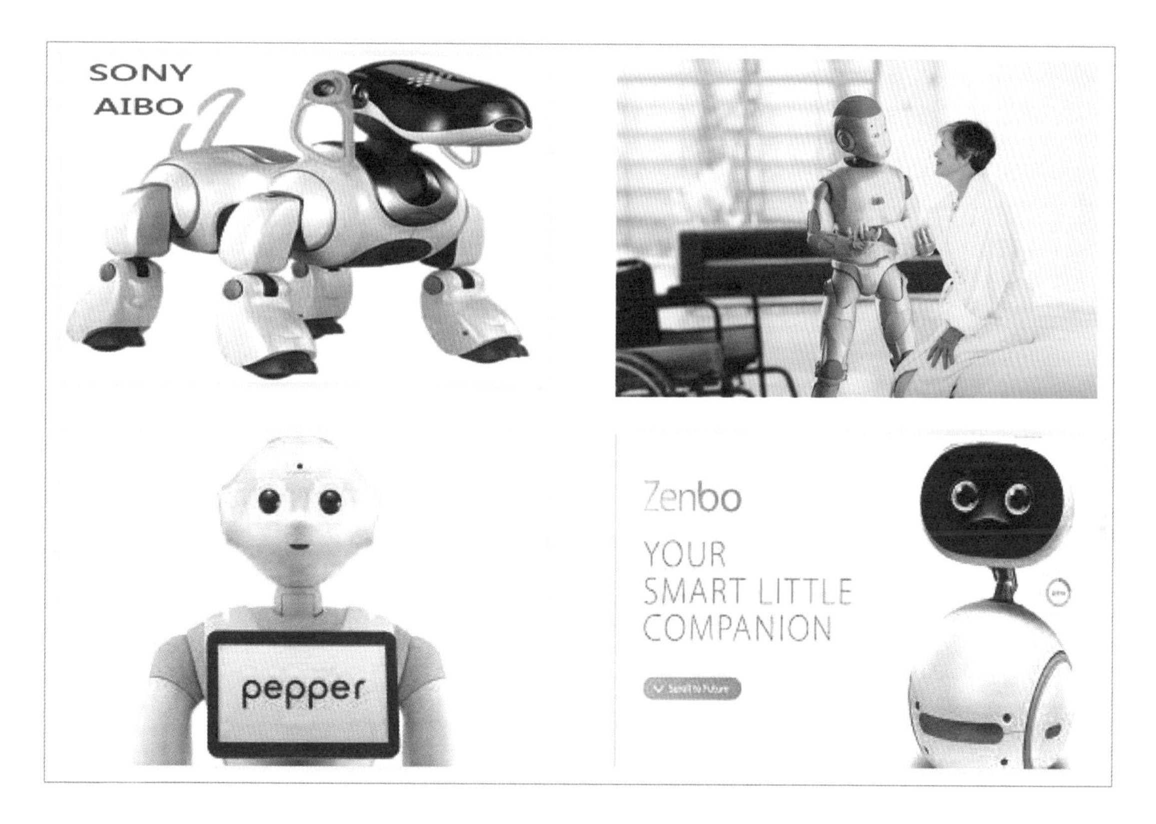

老人行動力降低，甚至失能之後，陪伴、居家照護變得非常重要，家有長者的年輕人卻很難放棄工作在家照顧長輩，一是經濟能力、二是時間成本，目前在台灣四處看到年輕的外籍看護推著老爺爺、老奶奶到公園散步，但近年來東南亞國家經濟成長快速，以外勞來填補本國勞動力不足的策略將畫下終點，導入機器人看護將成為下一個階段必然的選擇！

台灣以製造業起家，擅長生產管理，鴻海企業更是全球最大電子代工廠，為了解決勞力短缺問題並致力降低成本，研發並導入機器人生產已經有非常紮實的基礎，目前在中國就有 6 座關燈工廠（無人工廠），目前與日本軟體銀行合作推出陪伴型機器人 PEPPER，主要功能陪伴小孩學習及客服導覽。

華碩電腦是全世界筆電、主機板生產大廠，近年來也積極投入機器人研發，目前所推出的 ZENBO 也是一款陪伴型機器人，主要功能：遠端視訊、資訊提供、即時提醒、語音控制家電、居家安全緊急通知、生活小幫手，串起：食、衣、住、行、育、樂等服務，寓教於樂的互動數位內容、訓練邏輯的編程遊戲。

偏鄉醫療困境

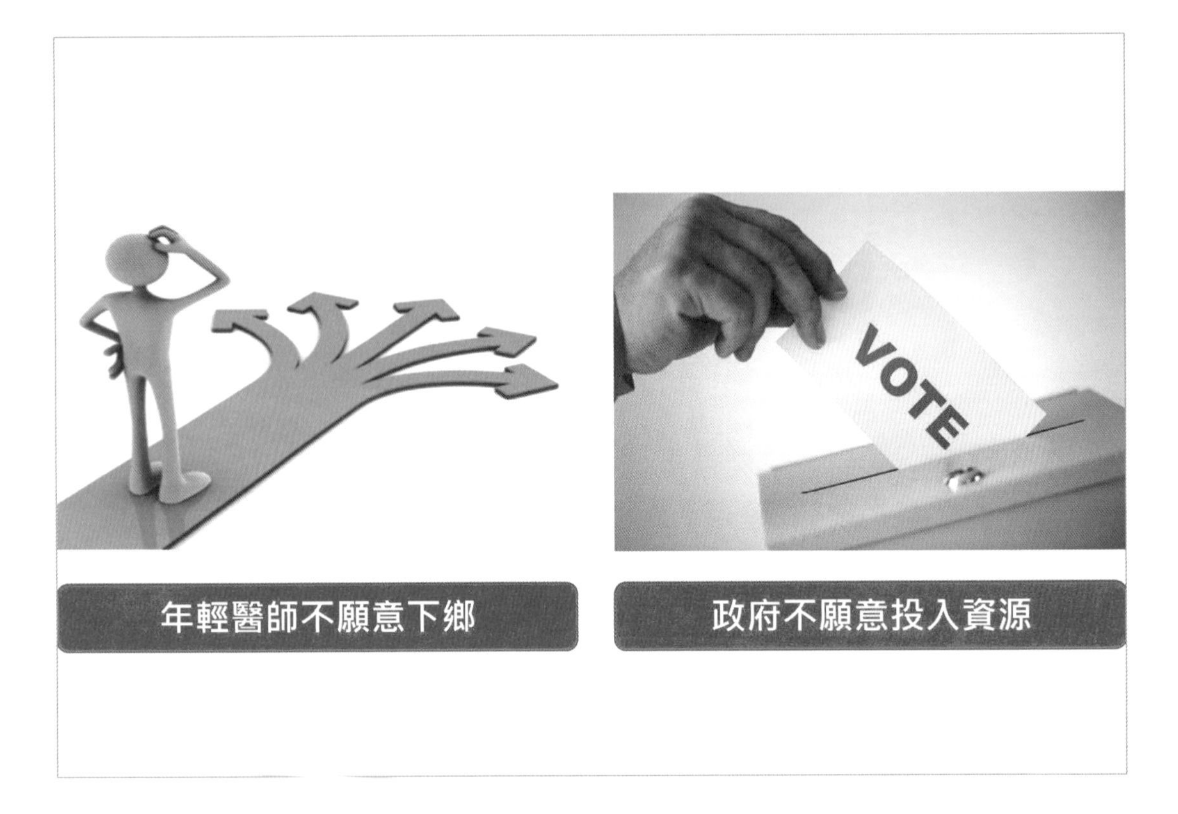

偏鄉醫療資源短缺，為什麼呢？分析如下：

缺醫院：偏鄉就業機會少，年輕人都到都市發展，偏鄉只剩下老人與小孩，人口少，經濟弱勢居多，對於選票挹注不大，因此執政者不願將資源投入偏鄉。

缺醫師：醫師從醫學院畢業後，需要長時間的經驗養成，是一種經驗密集的行業，大量的病例對於醫師經驗養成是極其重要的，因此年輕醫師都想留在都會區大醫院，因此偏鄉只剩下守護鄉土的老醫師。

偏鄉醫療解決方案：IOT 遠端照護

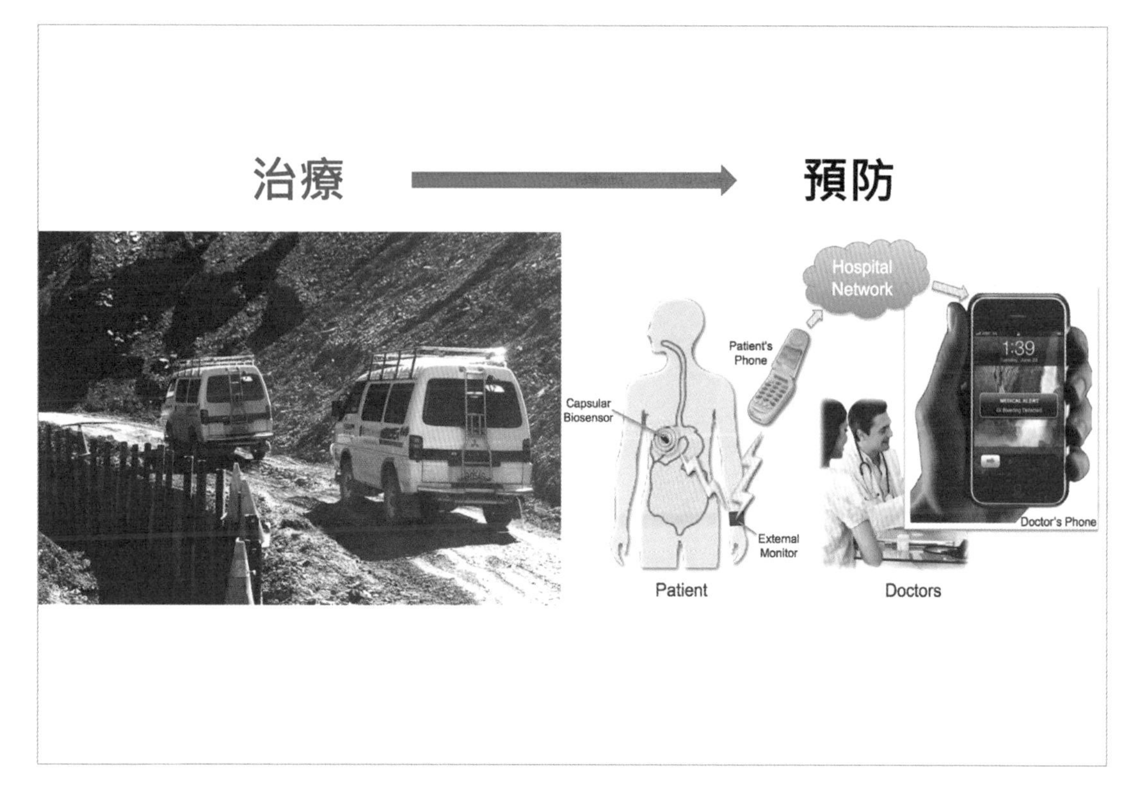

物聯網時代來臨，為偏鄉醫療資源缺乏提供了解決方案：

遠端看診：透過視訊，都市醫師可以為偏鄉患者做遠距看診服務，搭配偏鄉社區醫院的檢測裝配及基礎護理人員協助，對於非重症醫療是絕對可行的。

預防醫療：強化社區醫院的定期健檢服務，透過穿戴裝置對患者進行持續性的身體狀態監控，讓大病變小病，小病及時治療，並避免急症的發生。

年輕醫師：在偏鄉的年輕醫師，一樣可以透過遠距醫療，參與都會大醫院看診服務，在線上與都會醫師進行病例會診、研討。

科技為偏鄉醫療提供了解決方案的可行性，但還必須加上政府政策配合，才能有效將醫療資源導入偏鄉，偏鄉雖然有：好山、好水，但對於年輕人而言卻也是：好無聊！

社區醫療、照護網

人若保持健康，對於醫療資源的需求就會降低，因此社區照護的發展可以大幅將低老人對於醫療的依賴。

對於有行動能力的老人，鼓勵參加社區志工活動，日常生活有重心，與鄰居有互動，身心自然健康，缺乏行動能力者，讓他們到老人園去玩遊戲，就如同小孩上幼稚園一般，有人陪著玩，身心狀態都會有大幅改善。

「老吾老以及人之老」不再是一句空泛的口號，北歐國家推出年輕人「陪伴換宿」活動，貧窮年輕人無力負擔都會區的租金，都會老人無人陪伴、照護，因此政府搭起雙方合作的機制，年輕人每星期以一定的時數陪伴老人聊天、協助簡單家務，換取免費的住宿，這樣的機制除了各取所需的經濟交換，實際上對於世代的交流產生非常大的影響，讓社會更和諧、更有同理心、更是充滿了愛！

討論：進步的都市

上海的摩天大樓代表著中國的經濟崛起，是否也代表「進步」？紐西蘭的 GDP 成長率並不高，人民的幸福指數卻很高，何謂幸福、進步呢？一個國家、一個人努力工作所追求的是什麼呢？

台灣人花了 30 年才讓人們不再隨地吐痰，生活中到處聽到：「謝謝、抱歉、對不起、我愛你、請問、…」，這就是生活的素質，在中國這又稱為「文明」。

台灣的經濟起飛靠的是：血汗工作 + 環境污染，是賺到錢了，可是也賠上健康了！各式各樣的癌症危害著下一代，現在的中國頂替台灣成為世界工廠，也正在承受這樣的浩劫，這是進步嗎？是生活的目的嗎？所以台灣產業外移失去工作機會的同時，台灣的環境、人心也逐漸恢復生機。

台灣經過 30 年的休養生息，經濟、社會、政治得到均衡調整的機會，我認為台灣充滿了機會，台灣人不再是「窮到只剩下錢！」。

討論：幸福國度

丹麥

高稅率 vs. 高福利

新加坡

嚴刑峻法 vs. 社會安全

失業有給付、進修有補助、育兒有津貼、…，要享受這些優質的福利政策，就得繳交高額的稅負，丹麥的個人所得稅率高達 50% ~60%，但卻吸引大批外來移民，台灣、中國個人所得稅率偏低，卻人人想盡辦法要逃稅，社會福利當然也相對貧乏，台灣、中國人卻都爭先移民高稅率的美國，所以並不是亞洲人不愛守法、不愛繳稅，而是政府不夠廉能、沒有效率，人民不相信所繳的稅會有效的回饋到自己，因此逃稅。

新加坡的土地只有新北市 1/3、人口只有 500 萬，2017 年的人均 GDP 居然高達 5.7 萬美金，相對的；台灣只有 2.4 萬、中國只有 0.8 萬，一個資源稀缺的國家居然可以創造出如此高效的經濟實力，因為招商引資成功，新加坡如今是亞太地區金融、物流的運籌中心，這是新加坡政府執行力的展現，除此之外，新加坡更是全球移民國家第一選擇，這就要歸功於社會的安定、安全，這才是吸引全球資金、人才最根本的原因，新加坡務實的屏除虛假的人道主義，以嚴刑峻法治國，讓良善的百姓得以安家立業，反觀台灣假人道主義治國，貪汙的民意代表棄保潛逃、強姦犯假釋在外繼續犯案，這是哪一門子的人權、人道！

商品創新：幼兒、老年照護

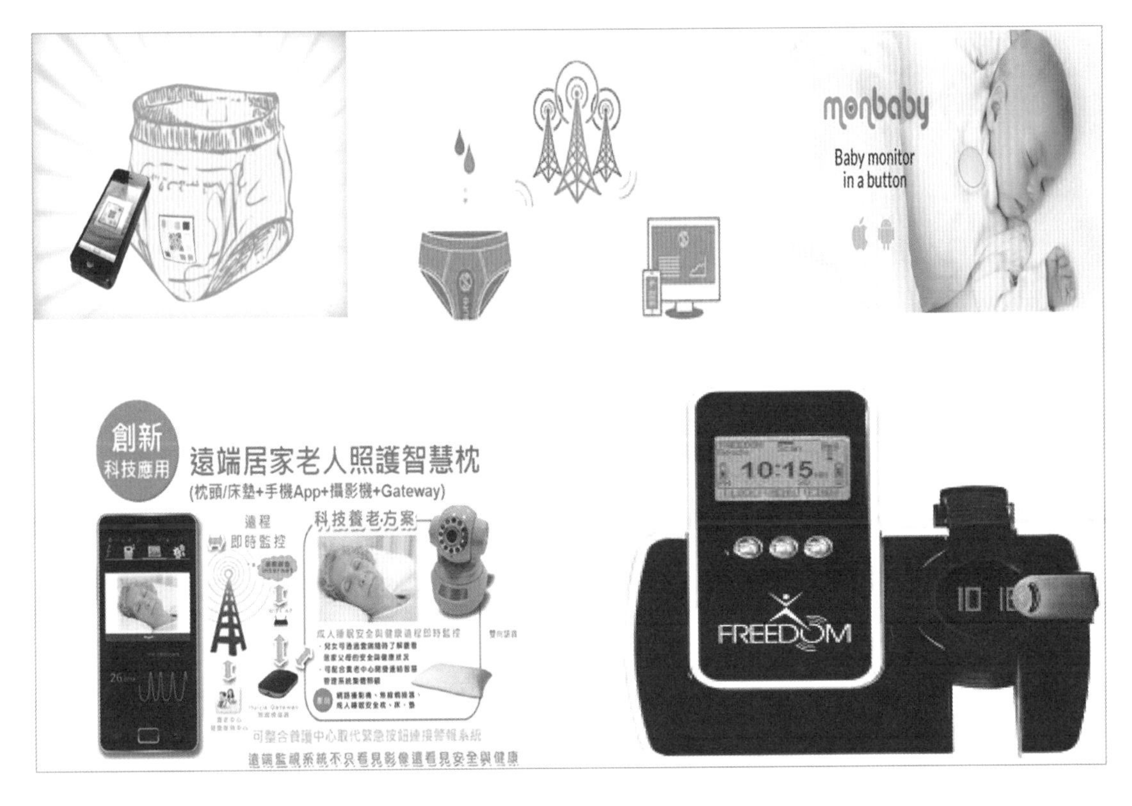

少子化、高齡化的結果就是人力資源嚴重短缺，這也是推動照護自動化的最大助力！

雙薪家庭的社會結構下，家中又有老、小需要照顧，因此利用高科技產品來協助照護老人、幼兒，成為一個剛性需求，舉例如下：

智 慧 尿 布：尿布中植入智慧晶片，可發出尿溼量訊息，提醒換尿布的時間。尿布中更對尿液做簡單成分分析，監控健康狀態。

警 示 扣 環：扣環藉由監控呼息情況，判斷小孩是否醒過來了，讓看護的媽媽可以得到充足的休息。

照護智慧枕：原理和功能與警示扣環是一樣的，主要用於老人照護，多了監視器的雙重確認。

行動追蹤器：老人失智走失、突發心律失調、…，這些緊急狀況都會讓家庭中成員整天處於擔憂恐懼，利用行動追蹤器，家人可以迅速找到老人，或應對老人突發狀態。

商品創新：醫療監測

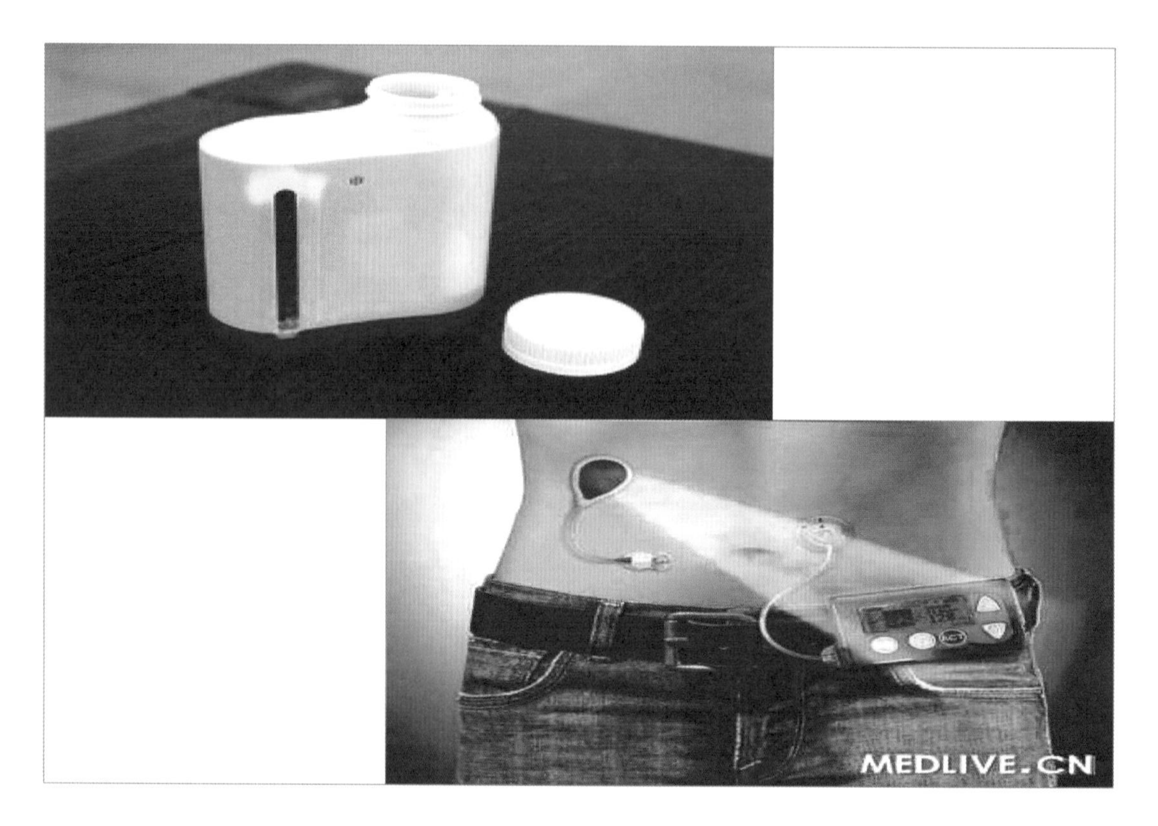

人老了，記性差！藥吃了沒？好像…啊…忘了，再吃一次吧！新科技物聯網智慧藥瓶會將記錄開啟藥瓶的時間，並根據用藥時間表，提醒患者用藥。

要嚴格控制血糖，最好當然是 24 小時不間斷測量，並自動精準調控注射藥量，上圖中，身體上穿戴 2 個裝備，一個是植入皮下的血糖感測器，一個是藥液注射器，透過訊號發射，2 個裝備就可完美合作。

創新是人類生活不斷改善的利器，而需求是產生創新的誘因，有很多創新在日後沒有被落實，大多因為「生不逢時」，也就是該產品在當時沒有找到應用面，舉例如下：

> 視訊會議系統，不用出遠門、出差，透過視訊就可在自己的辦公室內連線會議、研討 → 省時、省力、省錢，但推出後並沒有受到市場的關注，因為大家還是習慣「面對面」實際的開會，認為只透過視訊開會會使會議效果大打折扣…。SARS 來襲，大家怕被感染，飛機、車子、會議室…都可能被感染，因此大家改變了開會的習慣，視訊會議成功了！SARS 為視訊會議創造了需求！

智慧衣

台灣紡織業的東山再起

沒有不景氣的產業，只有不爭氣的產業

成功的人找方法，失敗的人找藉口

儒鴻近年營收、獲利

時　間(年)	2008	2009	2010	2011	2012
營　收(億元)	66.61	61.61	84.48	107.83	135.43
營業淨利(億元)	3.96	7.79	8.09	13.43	21.54
稅後淨利(億元)	1.92	3.76	7.63	11.82	17.91
EPS(元)	1.02	1.89	3.83	5.23	7.75

成衣是台灣經濟起飛的第一支箭，輕工業，技術、資金需求都不高，40 年前在美國廉價商場中所看到的衣服幾乎全部是 Made in Taiwan，隨著台灣經濟起飛，土地、人工成本不斷墊高，勞力密集的產業不斷遷移到中國，台灣的紡織業也不斷沒落，有人戲稱紡織業是夕陽產業，紡織股的股價跟「雞蛋、水餃」一樣低。

台灣的紡織技術源自於日本，日本人將低階生產轉移自台灣後，升級製作高級服飾，在精品百貨公司中，日本生產的衣服與歐美服飾相比是毫不遜色的，台灣紡織業的沒落不是「景氣」不好，是未能成功轉型，但多數的失敗者喜歡用「景氣」來掩蓋不努力、不爭氣的真相。

儒鴻，是台灣紡織大廠，多年來致力於技術研發，目前是世界最大的牛仔布生產工廠，近年來又投入機能衣等高產值的布料生產，營收、獲利成長就如同旭日東升一般，何來夕陽、雞蛋水餃之說，再次借用鴻海郭董的話與讀者互勉：「成功的人找方法，失敗的人找藉口」。

 物聯網帶動的產業整合

將一件智慧衣拆解開來，裡面包含了 4 個產業：資通訊、生醫技術、智慧紡織、成衣技術，這 4 個產業在台灣都相當成熟，都具有全球就爭力，照理說，台灣應該充滿了機會，但我相信，台灣在智慧衣的價值鏈中還是只能分到毛利最差的「製造」。

教育出了問題：

家庭：台灣俚語：「小孩子有耳無嘴」，認真聽但不可輕易發表意見，就是警告小孩不要當出頭鳥，不鼓勵創新。

學校：鼓勵競爭，卻缺乏團隊合作教育，以尊師為首要信條，挑戰老師的權威被視為忤逆。

社會：投機、不守法、人與人缺乏信任，組織內缺乏合作機制。

以上這些根本問題讓台灣只能是個「製造」專家，只能在既有的技術上持續研發，無法創新，只能在單一產業發展，因為沒有跨產業整合人才與機制，看看 APPLE 是如何成功的：「創新、整合」。

異業整合的創新

Google 世界網路龍頭企業，LEVIS 全球牛仔服飾領導品牌，兩個企業會有交集嗎？是的！智慧衣，讓這兩個企業做異業結盟。

目前的智慧穿戴裝置都不夠便利，能收集的身體資訊也不夠完整，例如：手錶、項鍊，而衣服可以貼身，面積又大，就完全解決以上 2 個問題，但衣服平常需要水洗，因此要將電子線路、感測器、發射器植入纖維中，就需要高度的技術創新，因此兩個產業龍頭展開了合作之旅。

為什麼美國企業可以支付較高的薪資，有兩個主要因素：

自動化：美國自動化程度高，低層次工作都被機器所取代，員工從事的工作技術含量較高，因此產值也高。

創　新：低階製造都外包到國外生產，美國企業專注在研發、創新、整合，因為生產的產品技術含金量高，因此人均產值高。

討論：Ubike 成功 vs. 產業整合

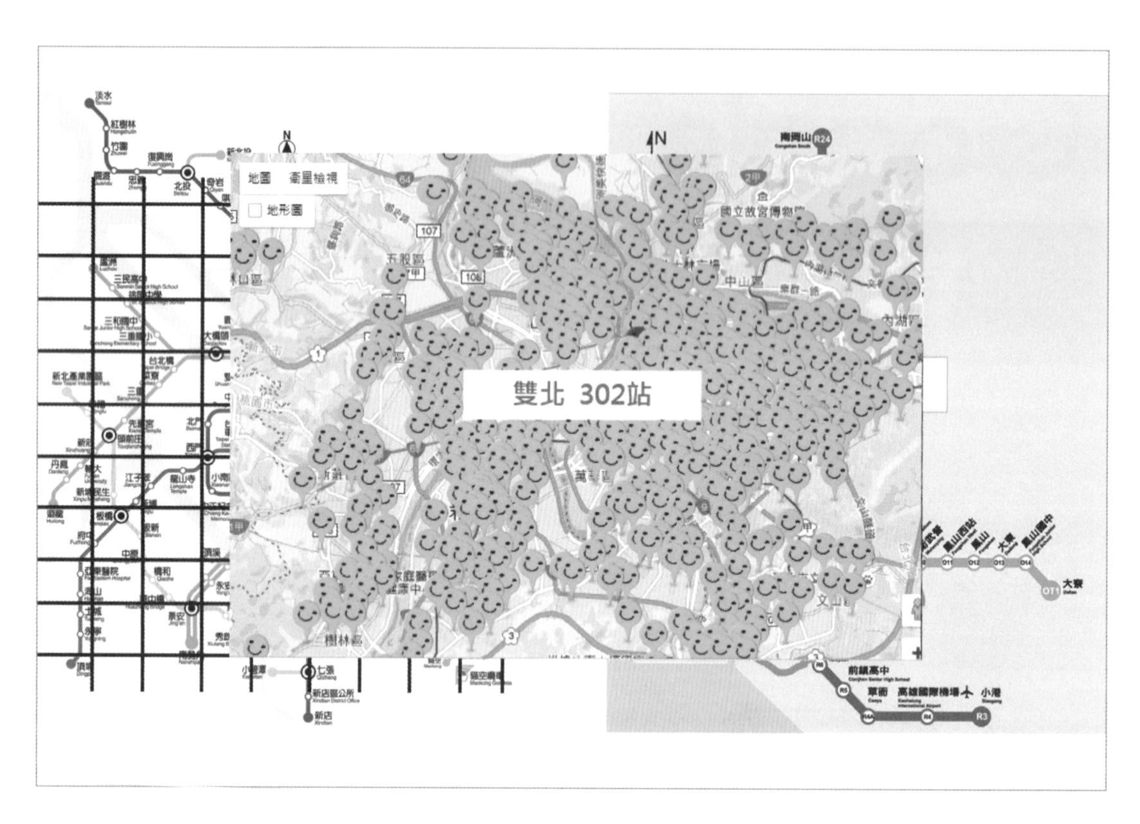

擁有一部單車，除了特殊用途外，一般人使用時間都非常短，因此共享是非常符合經濟、環保、方便的，以下我們就來剖析一下台北市 Ubike 分享單車成功因素：

- 搭配捷運站、公車站，提供最後一哩路交通便利。
- 停車樁密度高，大幅降低固定式停車樁租車、還車不便的程度。
- 固定停車樁管理，單車不會被特定人占用。
- 車輛機動調度，每一個停車樁隨時都有車可借。
- 後勤車輛維修、保養，讓每一部單車的車況良好。

Ubike 成功在於管理模式的成功，它成功整合交通系統、後勤維修、停車樁管理，它成功改變了北部人行的習慣，現在更逐步推廣到全台灣各地。

軟實力：可行的商業模式

台北市 Ubike 單車是共享經濟成功的案例，反觀中國的 ofo 卻是一敗塗地，ofo 的優勢是方便，沒有固定的停車樁，利用物聯網技術，使用透過手機搜尋附近的可借用單車，不用時隨時隨地都可還車，一開始，很多人認為固定車樁的 Ubike 一定會被 ofo 取代，結果呢？

一個新創產業的成功包含許多層面，技術只是其中之一，ofo 單車只是利用物聯網科技提供方便，但忽略使用者素質，更缺乏管理機制，「方便」變成了「隨便」，單車被惡意破壞、占用，毀損率高達 9 成，表面上看起來，到處都有車可租非常方便，但車況卻是很差無法使用，隨地還車雖然方便，卻被素質差的消費者惡意棄置，甚至破壞。

這個世界最不缺的就是創意、創新，真正缺的是可行的方案與執行力！台北市 Ubike 單車第一代計畫由台北市政府主導是失敗的，後來由捷安特公司進行第二代變革才有今天的成果。

成功方程式：跨領域整合

台灣商品、服務、企業似乎都很容易被仿冒、複製、山寨！但國際大廠如 Microsoft、Google、APPLE、FB、Starbucks、Coke…，好像都沒有這樣的問題，原因為何呢？

以百貨公司週年慶行銷企為例，贈品、降價、打折、集點、…，都是沒有任何技術、資金門檻的，你的創意別人 3 天就能複製到位，這不叫創新！

- 微軟的 Windows、Office 歷經幾十年系統更新、改良，大量人力、資金投入，形成自然、完全的壟斷。
- Google Maps 投入全球街道巷弄地圖繪製，想學的人必定是瘋了。
- APPLE 的產品就是時尚代言者，三星、SONY 根本就無從挑戰。
- TESLA 整合電動車、電池管理系統、充電站、美學於一身，雙 B 只稱臣。
- 阿凡達電影為了創新立體視覺效果，耗費數年、數億美金，自行研發動畫軟體，這種投入是台灣、中國短期內學不會的。

共享是一種社會發展的趨勢，因為共享能創造極大的效益！

早期的美國住宅，每戶都會有游泳池，近年來，社區游泳池取代了家庭游泳池，因為家庭游泳池的使用率不高，維護成本高，面積不夠大、不夠豪華，社區游泳池除了個人隱私性之外，可說是在各方面都完勝家庭游泳池，社區內的公共設施，如：球場、韻律教室、小公園、綠地、會議室、交誼廳、…，以社區居民共享的設計理念，讓資源使用效應最大化。

社區內由於距離近，因此便於分享，但社區外的資源可否共享呢？單車共享已經是一個成功案例了，但汽車可以共享嗎？房屋可以共享嗎？物聯網以及行動商務技術讓這一切變成可能，目前 UBER 就是汽車分享的概念廠商（尚未完全成功），Airbnb 就是住宅共享的全球領頭羊，市場上對於這兩項分享絕對有重大需求，但必須克服的是對於租車業、旅館業的法規衝擊、管理辦法衝擊。

科技創新相對是很容易的，但建立新的管理規則卻需要時間去摸索、學習，目前台灣的 UBER、民宿都卡在這個問題上。

共享經濟：延伸問題

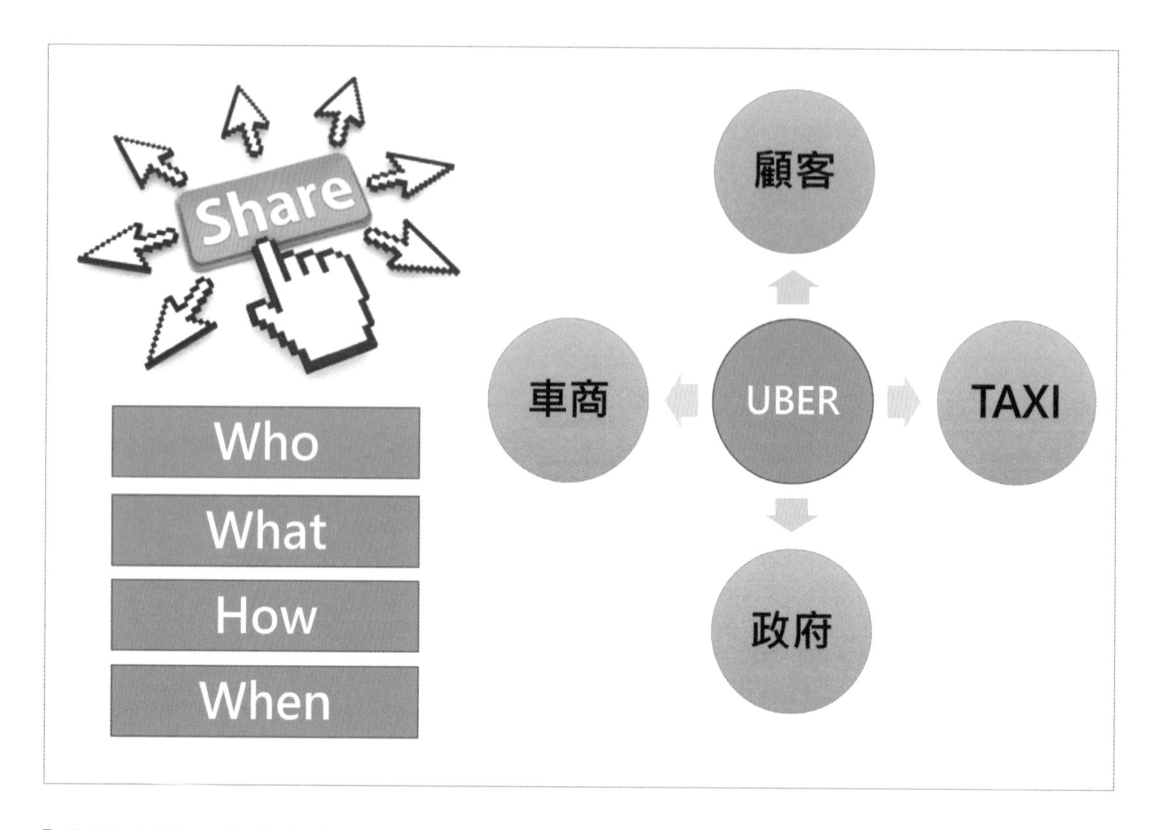

「資源有限，慾望無窮」，共享必是社會發展趨勢，但要達到分享成功有以下 2 個關鍵因素：

科技創新：透過物聯網、行動商務技術讓分享更方便、更有經濟效益，這個部分已經獲得初步的成果，後續發展相當樂觀。

管理方法：新事物的產生必然改變原有的消費習慣與市場規則，這將挑戰各國政府擁抱新科技的態度。

電子商務源於美國，美國政府給予租稅優惠，這就是政策、態度：「扶植新創產業」，對於實體商務當然有影響，2018 年全世界電子商務發展已趨成熟，美國政府停止電子商務免稅規定，這就是一個政府的具體作為與執行力。

以 UBER 而言，會影響到計程車、汽車廠、政府稅收、消費者安全，在台灣卻以舊法令、舊管理規則要求新創產業配合，結果當然是窒礙難行。

共享經濟：透天厝 vs. 社區

農業時代台灣人都住透天厝，進入工商社會後，產生都會人口聚集後，土地價格飆漲，只好改住大樓、公寓，從此台灣的居住習慣開始進入「分享」的年代，美國地大物博，居住環境品質相當講究，多數人居住在郊區擁有透天厝，但隨著人口增長、土地漲價的結果，又迫使美國的居住習慣改變為社區共享。

一個社區的游泳池是家庭游泳池的 10 倍大，裡面設施完整，有救生員待命，每一個社區住戶需負擔的費用只有家庭游泳池的 1/10，這就是分享所創造的價值。

請特別注意！任何創新、改變都必須符合市場需求，所以 Timing（時機成熟）很重要，在對的時間點推出對的政策，才能達到預期的效果，上面美國社區的案例中，若美國土地價格持續低檔，社區分享的概念是不會有市場的。

亞洲人炒房的原因？

經濟學供給與需求→決定價格？

台北市一級住宅區	加州橘郡一級住宅區
金山南路巷子	社區：3個游泳池
五樓公寓60坪	透天厝1,500呎
40年屋齡	2年屋齡
市價約5,000萬	市價2,000萬

1坪 = 6ft * 6ft = 36 ft^2
1坪 = 1.8m * 1.8m = 3.24 m^2

有人說：「人生最幸福的 3 件事：住美國房子、吃中國料理、娶日本老婆」，美國人的整體居住品質堪稱全球第一，但房價卻比台灣、中國的一線城市廉價許多，上面是一個不太嚴謹的比較方法，但卻是活生生的案例。

美國的房子是用來住的，亞洲人的房子是用來炒的…是商品，住是基本人權，因此政府是必須適度介入管理的，商品就是賺錢的工具，遵循著自由經濟法則。

亞洲人無房可住嗎？供給不足導致價格上漲嗎？非也非也…，市場上錢太多，投資管道太少（金融管制），資金全部投入房地產（有土斯有財觀念），2017 年台灣房屋自有比率高達 85%，中國更離譜，企業家居然把產業發展取得的融資，投入炒房、炒樓，中國地方政府更是帶頭將地價炒高，以高價將土地賣建商，作為地方政府稅收來源。

美國、歐洲為何無法炒房？

社區費用
房屋稅

高額的所得稅不利於百姓嗎？前面的案例「幸福國度：丹麥」，高所得稅為社會福利政策的強力後援，百姓是支持的，但百姓支持高房產稅嗎？繼續以上一頁案例分析，台北房子價值 NT 5,000 萬只繳交房產稅 NT 1 萬，美國房子價值 NT 2,000 萬，繳房產稅 NT 30 萬，一定很多人跳出來大聲反對！真是如此嗎？

台北房子 NT 5,000 萬一般百姓根本買不起，所以根本沒有繳稅的問題，既然不用繳稅那又何來反對聲音？會反對的是把房產作為投資工具的富人、建商、財團，調高房產稅讓持有成本提高，自然會抑制炒房、炒樓，將高額稅金投入地方建設、環境維護，自然形成良性循環，百姓何來反對聲音。

亞洲各國政治始終擺脫不了貪腐，因此政策始終偏向財團，這方面新加坡政府可說是亞洲各國的表率，總理李顯龍在國會為公務員力爭高薪：「一流政府，一流公務員薪資」，政府公共住宅政策明確，執行力全球之冠，徹底落實居住正義。

習題

(　) 1. 以下有關物聯網，哪一個項目是錯誤的？

(A) 第一代：串聯電腦、資料
(B) 第二代：串聯人
(C) 第三代：串聯萬物
(D) IOT 的 T 指的是科技

(　) 2. 以下有關物聯網：裝置的結構，哪一個項目不是必備的？

(A) WiFi
(B) 通訊元件
(C) 雲端資料庫
(D) 感測器

(　) 3. 以下有關資料儲存的演進，對於雲端資料庫的敘述，哪一個項目是錯誤的？

(A) 幾乎可以提供無限儲存容量
(B) 容易資料外洩
(C) 較佳的資料安全管理機制
(D) 連上網路取得資料便利

(　) 4. 以下有關雲端商機，哪一個項目是錯誤的？

(A) 物聯網時代所有資料都被上傳雲端
(B) 雲端上的海量資料充滿商機
(C) Google 是雲端服務第一品牌
(D) 資料探勘就如同挖礦

(　) 5. 以下有關少子化、高齡化，哪一個項目是錯誤的？

(A) 少子化可避免糧食不足
(B) 人口高齡化是國安問題
(C) 創新不再持續，容易陷入經濟停滯
(D) 人口減少容易陷入百業蕭條

(　　) 6. 以下有關全民健保，哪一個項目是錯誤的？

(A) 美國全民健保是歐巴馬政府規劃的

(B) 美國全民健保規劃完善

(C) Obama Care 又稱為窮人的全民健保

(D) 台灣的全民健保目前是第二代

(　　) 7. 以下有關醫療照護：人口紅利，哪一個項目是正確的？

(A) 少子化，對小孩的消費就減少了

(B) 高齡化不利因於照護產業

(C) 台灣老人消費能力高

(D) 台灣少子化因此嬰兒用品產業蕭條了

(　　) 8. 以下有關醫療、照護、健檢、運動產業：人口紅利，哪一個項目是錯誤的？

(A) 4 個產業是相關聯的

(B) 應結合社區醫療資源

(C) 是附加價很高的產業

(D) 是浪費國家資源的產業

(　　) 9. 以下有關醫療產業基礎，醫療自動化所需整合的產業中，不包含那一項？

(A) 紡織　(B) 金融

(C) 醫療　(D) 電子通訊

(　　) 10. 以下有關醫療競爭優勢：自動化，哪一個項目是錯誤的？

(A) ZENBO 是陪伴型機器人

(B) PEPPER 是工業機器人

(C) AIBO 是日本 SONY 生產

(D) 鴻海已有多座無人關燈工廠

(　　) 11. 以下有關偏鄉醫療困境，哪一個項目是錯誤的？

(A) 偏鄉老人太多

(B) 政府不願意投入資源

(C) 年輕醫師不願意下鄉

(D) 偏鄉人口少選票少

(　　) 12. 以下有關偏鄉醫療解決方案，哪一個項目是正確的？

(A) 以物聯網科技將治療轉換為預防
(B) 建立龐大空勤隊
(C) 大幅提高偏鄉醫師薪資
(D) 將偏鄉人口遷移至都市

(　　) 13. 以下有關社區醫療、照護網，哪一個項目是錯誤的？

(A) 保持健康可降低醫療資源需求
(B) 社區志工活動是對老人的剝削
(C) 陪伴換宿可讓讓社會更和諧
(D) 社區活動有助於老人健康

(　　) 14. 以下有關進步的都市，哪一個項目是正確的？

(A) 上海的高樓見證中國的文明進步
(B) 謝謝、抱歉、對不起…太虛假了
(C) GDP 與人民的幸福指數無相關性
(D) 經濟起飛保證都市進步

(　　) 15. 以下有關幸福國度，哪一個項目是錯誤的？

(A) 丹麥是高所的稅國家
(B) 新加坡是嚴刑峻法國家
(C) 人民痛恨高所得稅
(D) 新加坡是全球移民第一選擇

(　　) 16. 以下有關商品創新：幼兒、老年，哪一個項目是正確的？

(A) 物聯網科技可以解決照護人力短缺問題
(B) 老人照護產業是黃昏產業
(C) 為防老人走失，最好限制其活動
(D) 採用傳統尿布可降低尿布疹

(　　) 17. 以下有關商品創新：醫療監測，哪一個項目是正確的？

(A) 藥瓶會說話是神話
(B) 自動注射是騙人的
(C) SARS 恐慌成就了視訊會議的普及
(D) 多數的產業創新是成功的

(　　) 18. 以下有關智慧衣，哪一個項目是正確的？

(A) 台灣紡織業已經沒落
(B) 台灣紡織股票價格有如雞蛋水餃
(C) 儒鴻的獲利能力媲美高端科技業
(D) 台灣紡織業已全部外移

(　　) 19. 以下有關智慧衣的技術，不包含哪一個產業？

(A) 生醫技術
(B) 智慧紡織
(C) 資通訊
(D) 光學技術

(　　) 20. 以下有關異業整合的創新，哪一個項目是正確的？

(A) 自動化只會帶來高失業率的惡果
(B) Google 與 LEVIS 作異業結盟
(C) 美國薪資高是因為政府補助
(D) 創新是完全的高風險

(　　) 21. 以下有關 Ubike 成功，哪一個不是關鍵因素？

(A) 管理模式
(B) 後勤維修
(C) 交通整合
(D) 政府主導

(　　) 22. 以下有關共享單車，哪一個項目是正確的？

(A) 無固定車樁較方便
(B) 物聯網科技是成功關鍵
(C) ofo 失敗主因是財力不足
(D) 創新需要可行的方案與執行力

(　　) 23. 以下有關跨領域整合，哪一個項目是正確的？

(A) 大量資金技術的投入是防止山寨最佳方法
(B) 美國嚴刑峻法大家不敢山寨
(C) 阿凡達電影拍攝技術在中國被大量複製
(D) 台灣人不守法創新容易被複製

(　　) 24. 以下有關 IOT 共享經濟，哪一個項目是錯誤的？

(A) 資源使用效應最大化
(B) UBER 是汽車分享
(C) Airbnb 衝擊的是租車業的法令
(D) Ubike 是單車分享

(　　) 25. 以下有關共享經濟：延伸問題，哪一個項目是錯誤的？

(A) 共享經濟衝擊的是法令
(B) 取締違法是政府該有的唯一態度
(C) 政府對新創產業的態度是關鍵因素
(D) 共享經濟是社會發展的必然趨勢

(　　) 26. 以下有關共享經濟：透天厝 vs. 社區，哪一個項目是錯誤的？

(A) 政府強勢主導是共享經濟成功關鍵
(B) 土地價格飆漲會改變住的行為
(C) 社區游泳池是一種分享經濟
(D) 大樓、公寓是一種分享經濟

(　　) 27. 以下有關亞洲人炒房原因，哪一個項目是正確的？

(A) 亞洲房價高是因為房屋供給不足
(B) 美國房價低是因為地大物博
(C) 亞洲房價高因此比較富有
(D) 住是基本人權，政府必須管理

(　　) 28. 以下有關美國、歐洲為何無法炒房，哪一個項目是正確的？

(A) 歐美守法觀念強
(B) 歐美收入低
(C) 高額房產稅
(D) 亞洲人錢多

CHAPTER

6

物流概論

全球化企業興起，國際物流運輸蓬勃發展！
全都會生活圈興起，物流配送融入你我生活！

實體商業世代，靠著電視廣告、印刷 DM 把消費者吸引到實體賣場中，實體商店就是商品物流的終點站，那是一個 B2B 大量少樣配送的時代。

電子商務時代，憑藉網路廣告、手機 DM，消費者可在線上直接下單，商品直接配送到家中，這是一個 B2C 小量多樣配送的時代。

小量多樣的物流配送管理，重點有以下 3 點：

資訊管理系統	小量多樣的住家配送成本相當高，如何做配送路線優化安排、同一客戶多單併送、提高客戶單價管理，都成為重要議題。
運輸配送系統	區域運輸、小區域配送、都會辦公區送件、偏鄉家庭宅配、…，都需要不同的運輸工具與配送方案。
物流中心佈建	客戶滿意是物流服務重要指標，時間決定一切，為了有效縮短配送時間，物流中心的佈建密度是決勝的關鍵。

物流演進：趕集 → 漕運 → 一帶一路

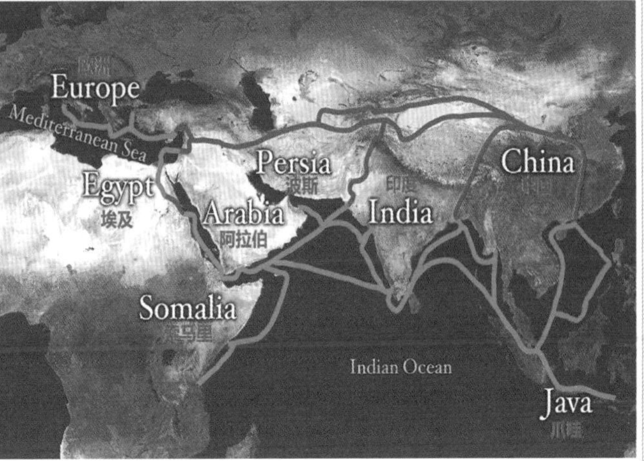

21世紀海上絲綢之路

物流不是新科技、更不是創新，而是 100% 的傳統產業，它就是人類生活進化史的一部份，「市集」就是最早的民間物流中心，每天早上大家將自己生產的物品拿到市集去交換，從明朝開始的漕運，就是官方的物流運輸系統，每年負責把南方生產的稻穀運送到北方繳稅，從西漢開始的絲綢之路，中國的茶、絲綢被運到歐洲去交易，就是國際物流的起源。

現在中國崛起，國家主席習近平推出一代一路政策，計畫以陸運交通建設串聯原絲綢之路上所有國家的經濟，更倡議以海運開通 21 世界海上絲綢之路，串聯歐、亞、非三大洲所有國家經濟。

世界村的概念已經實現了，到世界任何一個國家都是 24 小時內的事，在網站上購買全世界的商品更是彈指之間，這一切都必須仰賴強大的運輸物流系統！

生活息息相關

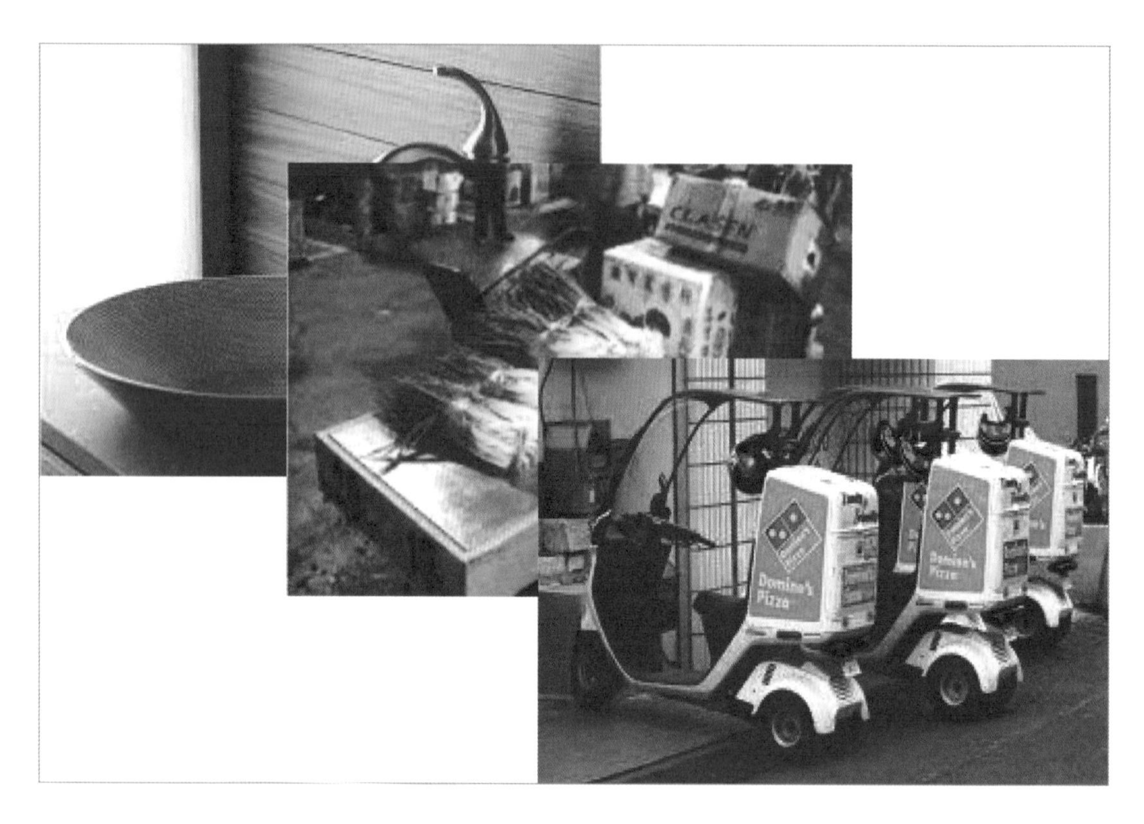

你早上「物流」了嗎？

早上刷牙、洗臉時，水龍頭流出自來水就是一種管線物流，管線物流是目前運送效率最高的物流方式，主要用在流體（液體、氣體）的輸送，但前期的管路基礎建設需要龐大的資金，一旦建設完成，打開龍頭、閥門，家中的自來水、瓦斯就自動流出來。

早餐店蔥油餅中的三星蔥是凌晨由宜蘭運到台北農產運銷中心，由蔬菜攤商標購後運到菜市場，再由早餐店老闆買回店裡作成蔥油餅，其中經過幾道物流運送。

爸我餓！我餓我餓！ 852-5252 你打了沒！ PIZZA 是都會人常會點的外送食物：公司加班開會、同學聚餐、生日聚會，因為簡單、方便，一通電話、網上訂購，30 分鐘餐點就送到，一樣憑藉著強大的物流體系。

7-11：通路

日本	中國	台灣	香港	新加坡
18,860	2,377	5,161	933	477

東西要賣出去需要場所，如店鋪、市場、百貨商場、精品店、網路商店、直銷，我們稱之為通路，本單元我們要介紹的是台灣特色通路：便利商店，其中的第一名：7-11。

目前市場有一句名言：「通路為王」，就是說，想要佔領市場，首要工作就是掌握通路，打個比方，7-11 這個通路全台灣有 5,000 家分店，佳德餅店的鳳梨酥在 7-11 上架販售，若一家 7-11 一天可賣出 10 盒，全國一天 7-11 就可幫佳德餅店賣出 50,000 盒鳳梨酥，可怕吧！佳德的鳳梨酥再好吃，若無龐大的 7-11 通路體系，銷售量必定受到極大的限制。

你可能會說，那透過網路販售也是一種通路啊！沒錯，但是每一種通路各有不同的消費族群，在台灣便利商店就恰好是所有消費族群的交集，所以便利商店在台灣通路市場中有著非常大的影響力，能夠將自家的產品擺到 7-11 上架，就如同啟動了一台印鈔機。

物流奇蹟：10,000 物流中心？

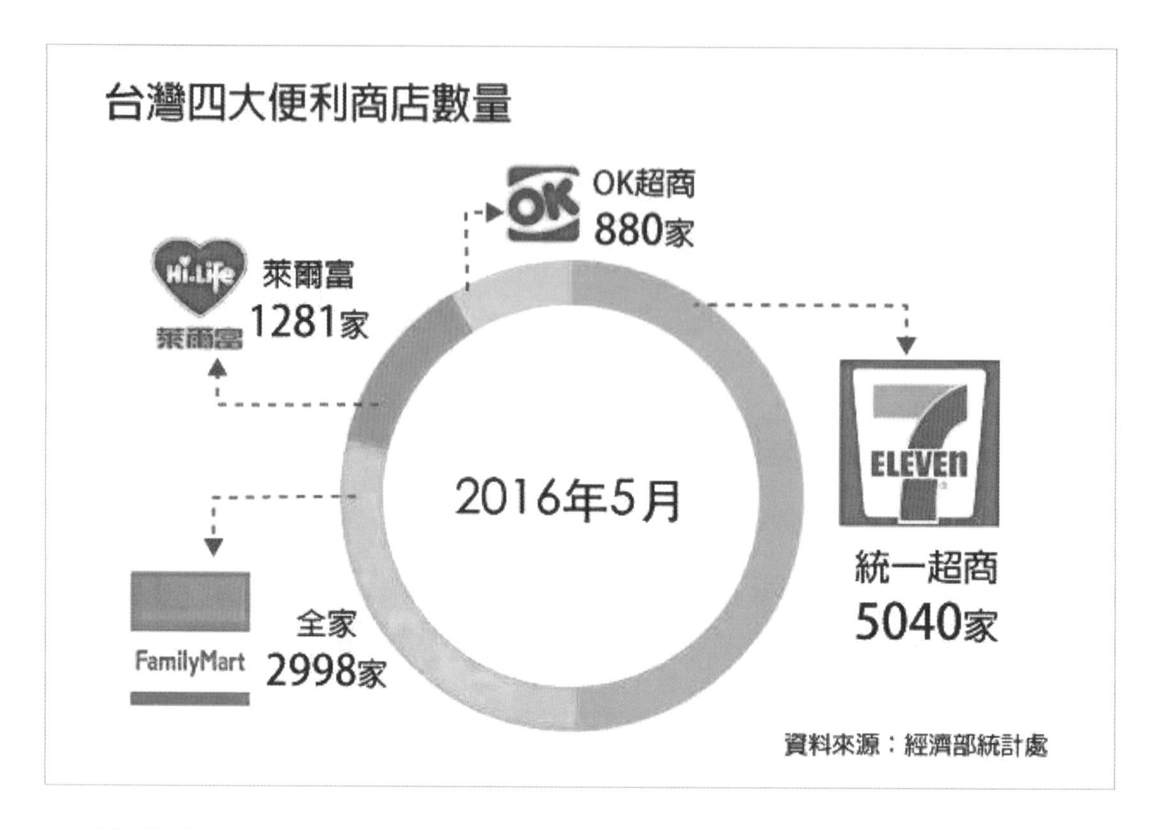

台灣的物流效率也算是一個世界第一，因為地狹人稠，人口都會化非常嚴重，因此到處都是便利商店，每一個便利商店就如同一個小型物流中心，便利商店賣東西更賣服務，所有網路上購買的商品都可指定便利商店取貨、付款，不論是都市、鄉村，傳統的雜貨店幾乎都被便利商店取代了，連綠島都開設 7-11 了。

台灣是 7-11 全世界經營績效最好的國家，全台灣大約 5,000 家分店，第 2 名的全家大約的算法就是 7-11 一半 2,500 家，第 3 名的萊爾富大約的算法就是 7-11 一半的一半 1,250 家，第 4 名的萊爾富大約的算法就是 7-11 一半的一半的一半 625 家，小小的台灣大約有 10,000 家便利超商，許多曾在台灣居住過一段時間的外籍人士回到母國後，對台灣最大的懷念居然是 7-11，因為有它真便利，包裹寄送、各項繳費、三餐 + 宵夜，就在你家巷口全部搞定，而且是 24 小時營業。

討論：為何台商蜂擁至中國投資？

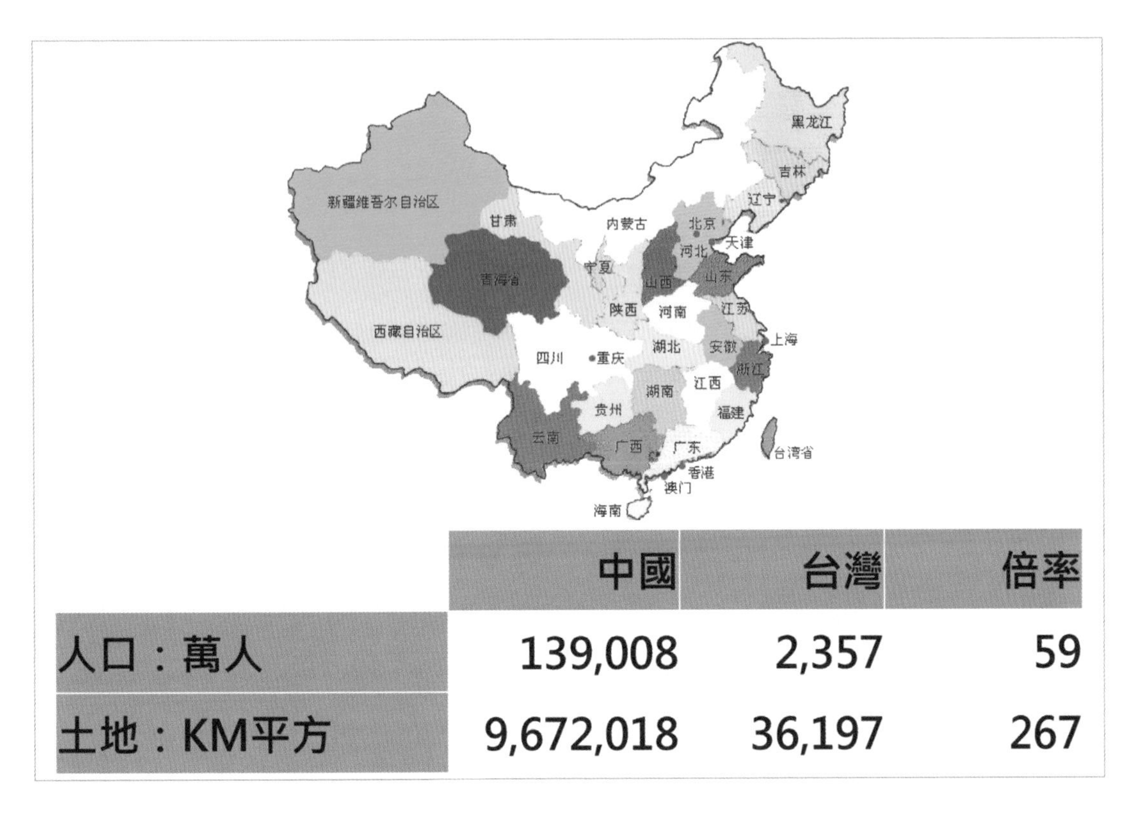

	中國	台灣	倍率
人口：萬人	139,008	2,357	59
土地：KM平方	9,672,018	36,197	267

中國發展的第 1 階段是成為「世界工廠」，因為擁有龐大人口 → 廉價勞動力、廣大土地 → 土地成本低，因此吸引全球大廠到中國投資設廠。

中國發展的第 2 階段是成為「世界市場」，因為人均所得提高，14 億人口成為世界最大的消費族群，因此吸引全球各大品牌到中國設點。

台灣企業西進中國發展相當早，僅次於有地緣關係的香港人，同樣的，早期台商到中國就是開工廠，後來就是開店，因為一部分中國人富起來了，消費力大幅成長了，富二代、商二代、官二代的奢華程度更是令人瞠目結舌。

- 若以人口比例計算，7-11 到中國可以開設：5,000 * 59，大約 30 萬家
- 若以土地比例計算，7-11 到中國可以開設：5,000 * 267，大約 130 萬家

康師傅泡麵在當年在台灣是快要倒閉的企業，到中國發展後，跟上了經濟發展的腳步，每年在中國銷售幾十億包泡麵，成為鮭魚返鄉的台資企業，如何不令人稱羨！

7-11：物流系統

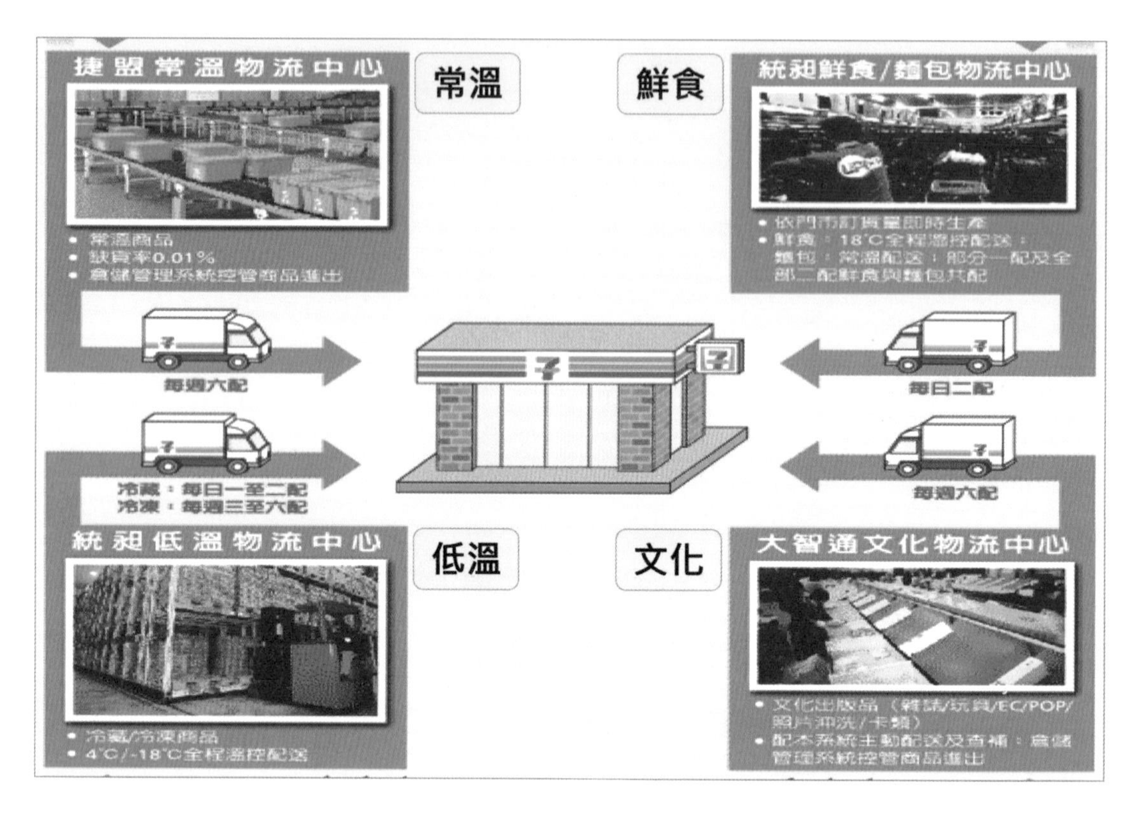

便利商店中吃的、喝的產品占了很大比例，為了嚴格管理販售食品的新鮮與衛生，因此物流中心、配送物流車、便利商店內都必須有溫控系統，因此我們將商品依溫度分為以下 4 類：

文化用品	書籍、雜誌、報紙、軟體、…，這些商品與溫度無關，一般物流車配送即可，單價較高，每週 6 次配送。
常溫食品	如麵包、餅乾、泡麵、…，不須冷藏保存的商品，一般物流車配送即可，單價低周轉率高，每週 6 次配送。
鮮食食品	如便當、飯糰、…，必須新鮮使用，並全程 180C 溫控，每日 2 次配送。
低溫食品	如冰棒、水餃、關東煮、…，包括冷藏 40C，每日 1~2 次配送，冷凍 -180C，每週 3~6 次配送。

所以便利商店後勤補給的物流中心，包含 4 個不同體系，各自獨立作業。

商品溫層分類

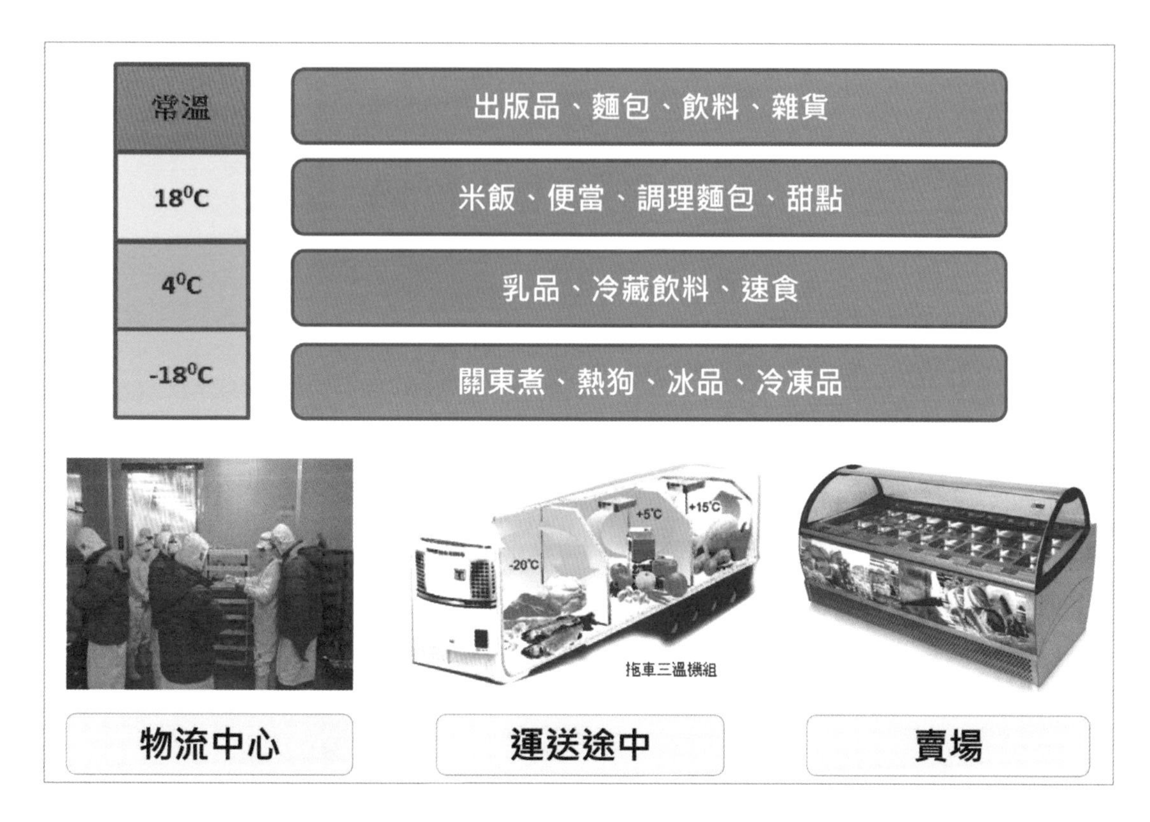

食品是便利商店中流動率最高，也是利潤最高的商品，都會上班族的早餐、午餐很多人是在便利商店解決的，住宅區的 7-11 更是很多人吃消夜的地方。

食品最重要就是保鮮，溫控出問題就會發生食物腐敗，因此從生產端 → 運送過程 → 賣場，全程必須維持定溫保存，因此便利店在冷凍、冷藏設施的投資是相當龐大的，備援電力系統更是必要裝備，否則一旦斷電，所有商品將全部報廢。

溫層及對應食品分類如下：

常溫	出版品、麵包、飲料、雜貨。
18°	米飯、便當、麵包、飲料。
4°	乳品、冷藏飲料、速食。
-18°	關東煮、熱狗、冰品、冷凍品。

7-11：全省物流中心

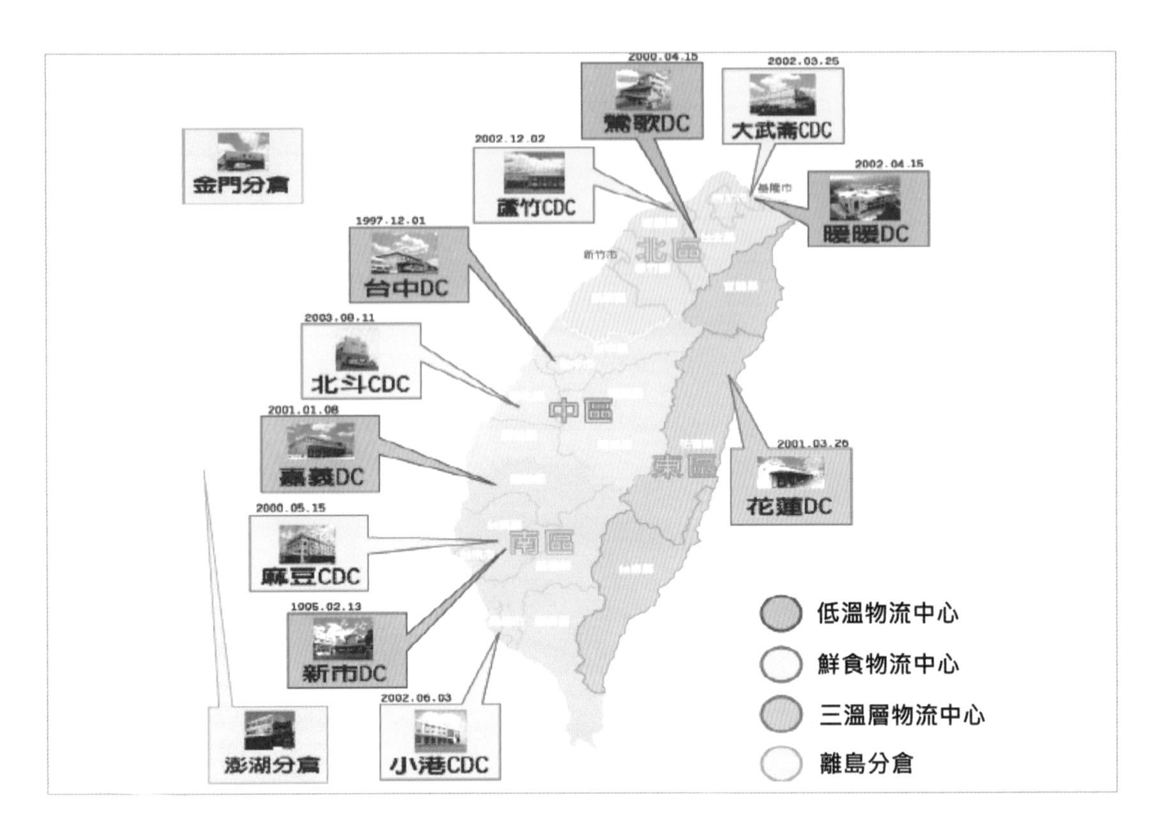

上圖是 7-11 全台灣各地 4 種不同性質物流中心配置圖，性質不同是因為涉及溫度控制層級不同，及離島特有屬性。

要提高物流配送效率，最基本的方法就是增加物流中心的密度，例如上圖中，西部又可分為北、中南、南三區共 10 個物流中心，而東區卻只有一個花蓮物流中心，這樣的配置完全是因為人口密度，營業收入的考量，唯有強大的營收才能支撐物流中心的成本。

這是一個資本密集的產業，有優質的物流配送系統，商品不缺貨、不變質 → 消費者滿意度高 → 市占率提高 → 營收增加，營收增長後進一步提高物流中心配置密度，形成一個良性循環，反之，則形成惡性循環。

7-11：營收、獲利

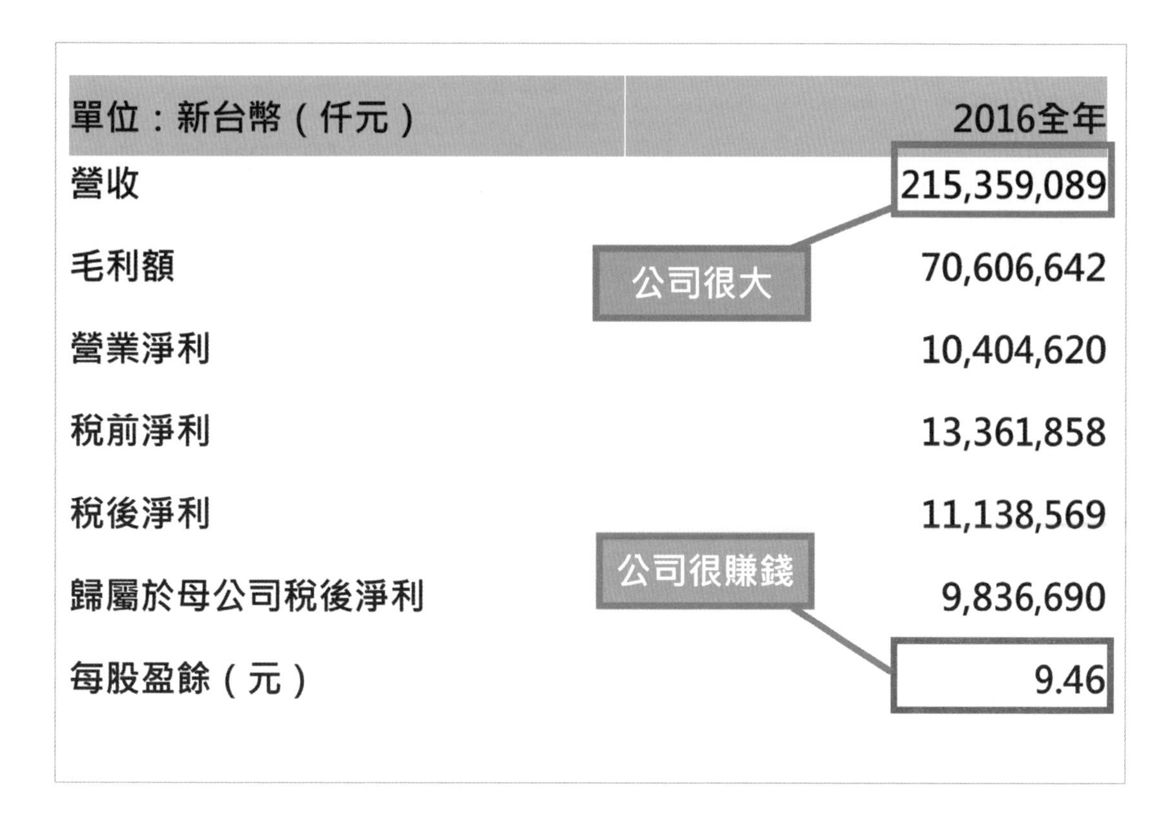

單位：新台幣（仟元）	2016全年
營收	215,359,089
毛利額	70,606,642
營業淨利	10,404,620
稅前淨利	13,361,858
稅後淨利	11,138,569
歸屬於母公司稅後淨利	9,836,690
每股盈餘（元）	9.46

年輕人進入職場找工作、選公司，有一個基本技能是一定要學的，就是看懂公司財務報表，上面是 7-11 所屬統一企業的簡易財務報表，你看到什麼呢？裡面有 2 個重點：

營　　收：代表公司的規模，年營收約 2,000 億，是一家大公司。

每股盈餘：代表公司年度獲利能力，投資 10 元年獲利 9.46 元，績效很棒。

統一企業的年營收年年增長，獲利能力也是年年提高，堪稱是台灣企業界的資優生，這也是傳統財經課程教給學生的觀念，不過仔細想想，台灣這樣的資優企業蠻多的，但卻很少有世界級的企業產生，WHY（壞）？

財務報表只能看出年度績效，企業經營卻是追求永續，短跑選手與馬拉松選手的邏輯、策略是完全不同的，教育、文化、生活習慣讓亞洲人經營企業淪於短期績效追求，因此很難成為全球 500 強，回頭看看第 67 頁〔打臉華爾街的經營策略〕，Amazon 的經營哲學與統一企業有何不同。

甘仔店 → 便利商店？

距離近

隨時買

貨色齊

All in one

One Stop Shopping一站購足

雜貨店（甘仔店）從都市到鄉村一一吹熄燈號了，便利商店遍地開花，3 步一家 5 步一店，便利店密集到消費者可以站在路口挑品牌，台灣奇蹟！

若說便利商店賣商品、賣服務，那雜貨店是不會被取代的，便利商店的東西仔細算百分比，超貴的…，但因為單價低、總價低因此無感，便利商店的店長、工讀生經常遷調、輪班，根本不認識客人，哪來的服務！所以…見鬼了！雜貨店到底是怎麼輸的？原來便利商店賣的是「便利」…，挖勒…！

距離近：大街小巷，方圓 300 公尺內必有一店，隨處有店就是方便。

隨時買：24 小時營業模式，半夜、凌晨都不怕餓死。

貨色齊：生活必需品一應俱全，對於外出的過路客、旅客、出差人士極方便。

15 元的飲料賣 20 元，5 元的差價對於追求便利的人是小錢，對於企業卻是 30% 的利潤，生活水平高的都會生活，便利就是最棒的商品！

24 小時營業模式？

24 小時營業的商業模式划算嗎？半夜、凌晨有那麼多人上門消費嗎？收入能夠支付成本嗎？這是一般人對於便利商店 24 小時營業的疑問，若是在熱門都會區 24 小時營業或許還說得過去，為何連住宅區、偏鄉的便利商店都是 24 小時營業，肯定有妖孽！

半夜的確會有一些特定工作族群，例如：娛樂行業、報業、工程業、市場、…，但消費人數絕對不足以支撐便利商店全國 24 小時的營業模式。

便利商店在正常工作時段 7 點 -11 點，隨時有客人上門，因為店小、工作人員配置少，是不可能同時進行商品進貨、盤點、補貨的（東西被偷光），物流配送在白天更是到處塞車，因此利用夜深人靜的半夜進行物流配送、店內補給是一舉兩得的作業模式，同樣的，這也是台灣特有的便利超商經營模式，7-11 原本的營業時間是早上 7 點開門、晚上 11 點結束營業，到了台灣才創新為 24 小時營業。

達美樂 - 85252

PIZZA 是都會住民經常訂購的外送食物，為了保持 PIZZA 的口感及美味，達美樂推出 30 分鐘送達，適時送折價券 100 的優惠方案。

- 如果你是店長，你希望多送 100 折價券嗎？
- 如果你是訂餐的媽媽，你希望 PIZZA 早送到或晚送到？

阿珠姨每次訂 PIZZA 平均消費額大約 700 元，100 元折價券相當於 15% 折扣，勤儉持家的阿珠姨完成 PIZZA 訂單後，一定盯著時鐘默念：「晚一點到…」。

上面阿珠姨的消費行為說明 2 件事：

A. 100 元折價券對消費者是有感的。

B. 遇到交通尖峰或生意太好無法在 30 鐘鐘內將 PIZZA 送達，100 元折價券可以將消費者的不滿意轉變為喜悅。

你贊同達美樂的 100 元折價券行銷方案嗎？

分店數量規劃

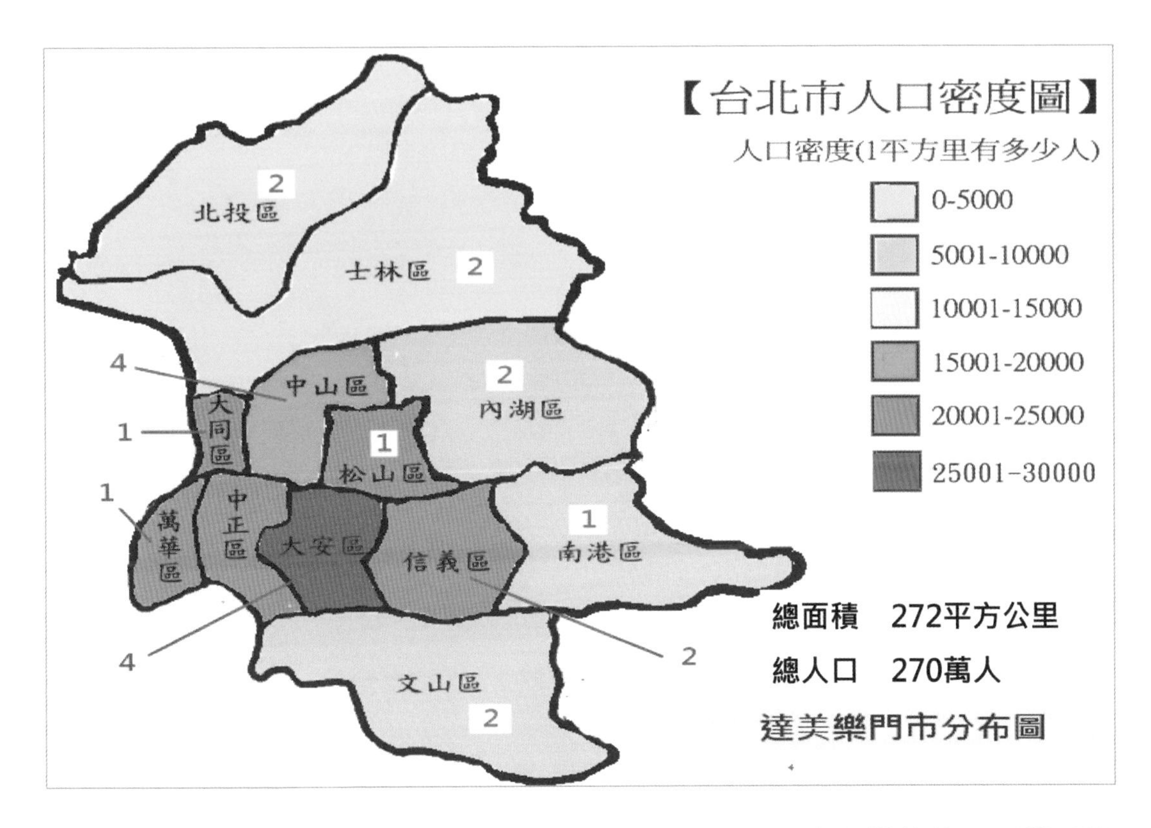

PIZZA 30 分鐘送達的使命，並不是隨便說說，是有具體配套措施的！距離是影響配送時間最主要的因素，為了縮短配送時間，勢必得增加分店的數量，但分店數量又直接影響經營成本，因此必須經過人口數密度調查及在地居民收入調查。

以台北市為例，上面地圖顯示的是各行政區的人口密度，其中大安區是第 1 名，每平方公里人口高達 25,000~30,000，我們可以合理推論：「人口密度高的地方，房價高 → 收入高」，事實上台北市大安區確實是全國首善之區，而北投區、士林區地廣人稀，每平方公里人口不足 5,000 人。

因此達美樂在面積小的大安區開了 4 家分店，幅員遼闊的士林區、北投區都只開了 2 家分店，士林區、北投區萬一生意突然變好，來不及送貨怎麼辦呢？

- 生意好所衍生的問題是有錢人的煩惱，應該高興。
- 100 折價券會發揮出「轉變反感為好感的威力」。

分店地點的規劃

上圖是台北市大安區的實際街道圖，上面明確標示出達美樂 4 家分店的分布位置，每一家分店的責任範圍區不會超過 4 平方公里，對於 30 分鐘的送貨承諾應該是沒問題的。

中國目前點餐外送搞得紅紅火火的，美團外賣、餓了嗎是目前市場上 2 個點餐平台龍頭廠商，都獲得阿里巴巴注資，美團外賣更在香港公開上市，這同樣是分享經濟的概念，點餐平台整合所有加盟餐廳的菜單，成為單一入口，方便所有消費者，另一方面為所有餐廳提供外送服務，解決個別餐廳外送業務經濟、效率 2 大問題。

美團外送這種創新的商業模式的可行性，目前正接受市場的考驗，2018 年交易額高達 4,000 億人民幣、虧損 20 億人民幣，目前仍然是採取「補貼」的經營模式，因此還看不到獲利的可能性。

7-11：虧損 7 年

引進品牌：1978 ~ 1986

通路擴展：1987~2000年

異業結合：2001至現今

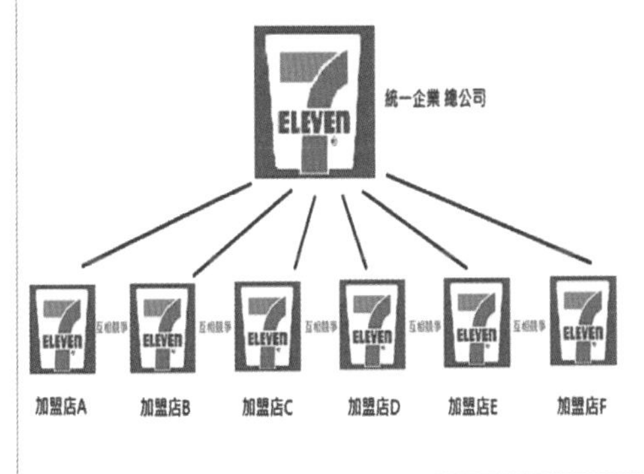

7-11在中國為何沒有成功？

7-11 是創始於美國後來由日本公司收購的全球化品牌，台灣的統一企業於 1978 年引進台灣，源於大陸型國家的經營模式，與台灣地狹人稠的消費習慣有很大的隔閡，因此連續虧損 7 年，經過長時間成功轉型後，於 1987 年開始快速展店，並於 2001 年開始異業結盟的經營模式。

7-11 已經是台灣人生活中牢不可分的一部份了，因為它整合了社區居民生活中大小事，包裹寄送、繳交各種稅費、購買各種票券、…，最重要的 24 小時營業而且就在你家巷口，就是「方便」。

在成功的背後，有 3 件事值得探討：

- 有哪一家企業的口袋夠深，可以連虧 7 年？
- 萊爾富、全家為何與 7-11 的差距如此之大？
- 7-11 的成功經營模式為何沒在中國發光發熱？

誠品：慘賠 15 年

統一集團是台灣企業的南霸天，口袋夠深可以讓 7-11 虧損 7 年，另一個更厲害的笨蛋是誠品書店，居然連虧 15 年，我居然說誠品書店 CEO 吳清友先生是笨蛋，是的！台灣企業想要變大變強就需要「笨蛋」的特質，因為只有笨蛋願意吃眼前虧、擘劃公司長期的發展。

誠品書店是國外觀光客到台灣旅遊第 2 熱門景點，#OX…，你勒莊孝維…，沒錯！除了故宮博物院之外，誠品書店是外國觀光客的首選，為什麼呢？不解、不解！

購買書籍是一種有錢、有閒的消費行為，吳清友先生的發想：「讓書店成為一個優質的閱讀環境」，這樣的想法超前當時台灣國民的收入與教育水平，大家只看書不買書，因此慘賠 15 年，當經濟水平、國民教育達到一定階段，當買書成為一件雅致的事情，購書的環境就是消費者最在意的，爸媽帶著小朋友逛書店、聽故事、買童書，這不是一個殺價購書網站可以提供的情境。

討論：先投資？先收錢？

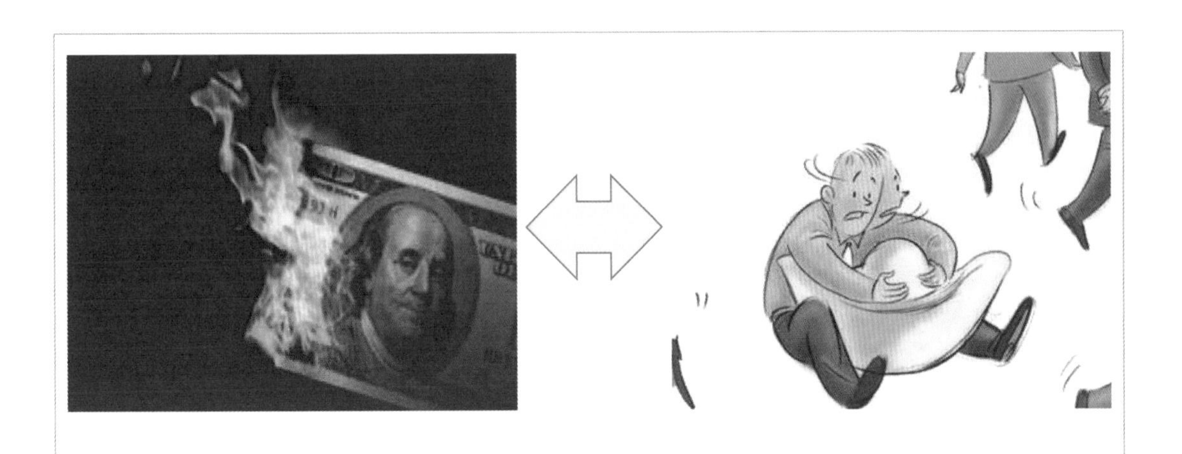

經營者的遠見
經營者的決心與籌資能力
經營模式難以被複製

Amazon 的老闆姊夫 - 貝佐斯有一句名言：「偉大的企業家必須甘於被長期誤解」，因為獨具慧眼，想法超前，因此必遭凡人誤解，誠品書店看到台灣經濟發展後的生活型態，太超前因此必須賠錢，既燒錢又賠錢的生意是不會有人複製的，必須賠多少年呢？沒人知道！所以在邁向成功的過程中的堅持是關鍵因素，不過現實是殘酷的，沒有源源不斷的資金，如何堅持理念！

再說一次：「ideal 是最不值錢的！」，夢想家滿街市，但卻都缺乏執行力、說服力，一份動人的事業願景必須搭配堅實的籌資計畫，15 年堅持的背後，最真實的是資金的奧援。

誠品目前主要的獲利來自於複合式經營，主體書店吸引客戶，商城內文化用品、流行時尚才是獲利的來源，它有別傳統書店的價格競爭，又比百貨業者的消費情境高幾個檔次，這種只講耕耘不問收穫的經營模式，必須耗費大量資金、時間，都是時下「聰明」企業家不會跟風的！

運輸系統

配送

Amazon 在創業之初，很單純的想在網路上賣書，後來發現訂單源源不絕後，倉儲、物流成為一大災難，因此在全美國建立大型倉儲物流中心。

阿里巴巴也面臨同樣的問題，雙 11 過後，堆積的訂單多久才成消化掉，消費者何時才能取得商品？因此阿里巴巴必須挺身而出，創立菜鳥物流網，整合全中國倉儲物流體系，以提高物流配送的效率，對於電子商務發展而言，物流配送是輸送養分的血液，沒有血液電子商務發展是無法擴展的！

大型物流中心就有如身體的骨架，物流運輸配送就如同輸送養分到全身的血液，無論是物流中心還是物流運輸都有賴於堅實的基礎建設，築馬路、造城市、建商場都需要時間積累，美國在這方面有百年的優勢，目前中國正急起直追，但發展過程過於躁進，俗語說：「一口吃不下一個胖子」，快速發展基礎建設的副作用是：產能過剩，為了輸出過剩的產能，又衍生出一帶一路的國際政治僵局，各位讀者，請仔細觀察列強競爭的過程與結果！

運輸方式優缺點分析、選擇

陸、海、空運輸各有優、缺點，其中又包含多種運輸工具，以下是選擇的 4 個基本原則：

成本	商業行為中，成本是優先考量的因素之一，海運算是大量遠距離運輸的第一選擇，卡車算是短距離運輸的首選。
時間	目前最快速的長距離運輸工具當然是飛機，但成本太高，在某些國家已經使用高速火車來進行長距離運輸，除了快速，還必須講究時間準確性，海運、空運都容易受天候影響，因此必須考慮配套方案。
地理	陸運雖然經濟實惠，但有些地方到不了。 例如：台灣跨海到美國，目前尚無海底隧道。 例如：台灣跨海到澎湖，目前尚無跨海大橋。
方便	將商品由供應方門口直接送到需求方門口是最方便的，目前只有卡車、無人機可以做到。

運輸工具的替代

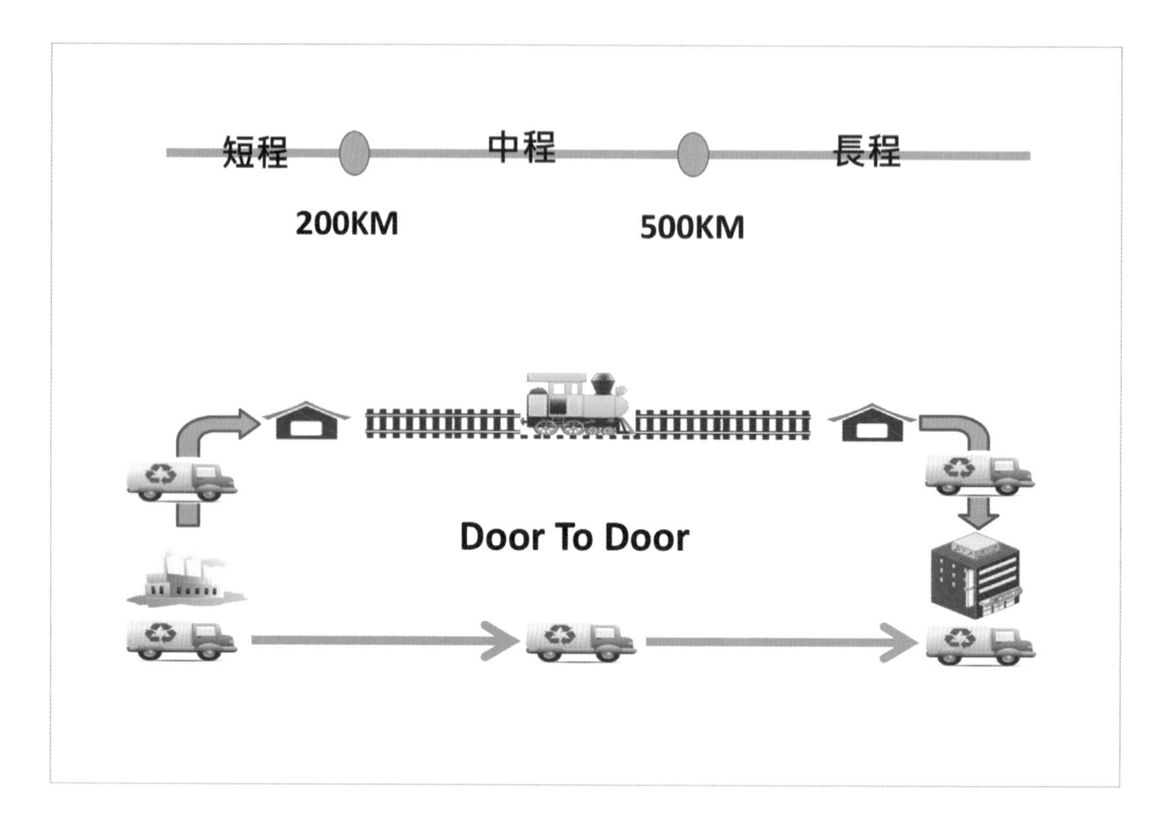

美國鐵路運輸在國家發展初期一直扮演重要角色，但由於汽車工業快速進步，道路鋪設遍布美國領土，公路運輸的優點：Door To Door（戶對戶）的方便性逐漸浮現，因為火車無法開到家門口，因此必須搭配卡車作轉運，因此 200 公里以內的中短程運輸全部被公路運輸取代了，在美國，甚至連東西岸數千公里的長途運輸也採用卡車。

全球化貿易興起，在地生產成為降低成本的主要策略，更降低跨國物流運輸的需求。

隨著都會交通日漸壅塞，偏鄉運送不符合經濟效益，卡車配送已漸漸出現問題，以無人機取代卡車配送成為新的研究課題。

Space X 太空探索公司已成功開發出重複使用低成本火箭，以後洲際運輸或許會以火箭取代飛機，科技進步天天改變我們的生活！

複合式運輸

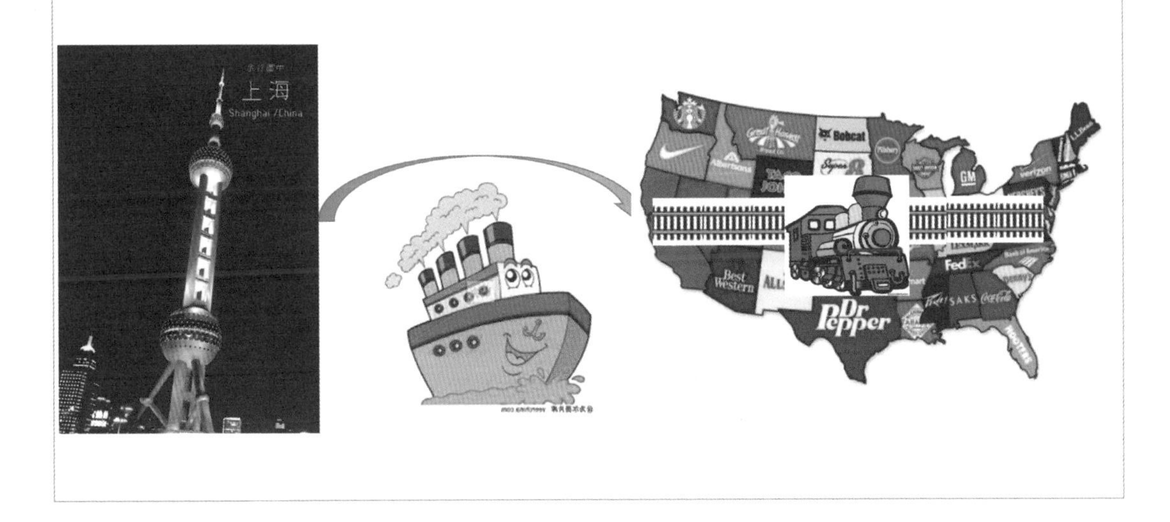

運輸交通工具不一定是單一選擇，可以是複合式搭配，以取得最佳績效，以下舉例說明：

起始運送點：中國上海

終點運送點：美國德拉瓦州達拉瓦市

- 港對港海運：中國上海港→美國西岸三番市港
- 內陸長途火車運輸：美國西岸三番市→美國東岸紐約港
- 內陸短程公路運輸：美國東岸紐約港→德拉瓦州德拉瓦市

以上運輸工具組合兼顧：時間、成本、方便性、可行性考量

貨櫃輪運量

海運是一般人比較不熟悉的，但卻是主最要的洲際運輸方式，原因是各大洲之間以海洋分隔，陸運無法勝任，空運運量低、單價高，因此海運是大宗物資最佳的運送方式。

海運所用的輪船主要分為：散裝輪、貨櫃輪 2 種，本單元主要介紹貨櫃輪，在中國貨櫃又稱為集裝箱，標準貨櫃有 2 種尺寸：20 呎、40 呎，兩種貨櫃的高度、寬度是一樣的，只有長度的差異，因為規格一致化，因此可以作積木式堆疊。

一個 20 呎櫃的容量稱 1 個 TUE，一個 40 呎櫃的容量稱 2 個 TUE，一般貨櫃輪的裝載量為：5 千 ~8 千 TUE，目前全世界最大的貨櫃輪裝載量為 1.8 萬個 TUE，最大航速可高達 60 海里（110 公里），裝載貨物價值可高達 4 億美金，船舶設計採取：大量、高效、環保的 3E 理念。

海、空運運量比較

最大運量：600噸

最大運量：156,000噸

250倍

安托諾夫An-225運輸機

邁克凱尼·穆勒號

2013運量：1.63億TEU

空運在時間考量上，比其他交通工具有絕對的優勢，但載運量及成本考量上，與海運相比卻遜色太多，目前全世界最大的蘇聯安托諾夫運輸機最大運量只有600 噸，最大的邁克凱尼 - 穆勒號貨櫃輪最大運量高達 156,000 噸，是空運的250 倍。

曾有人實驗以飛船作為運輸工具，但最終都未能達到商業運轉的條件，隨著科技日新月異，消費者的要求日益嚴苛，企業競爭加劇，對於成本管控及效率提升的要求日趨加重，新的運輸工具不斷被研發、測試，無人機、無人車目前都進入實用性測試，Amazon 甚至研發高空倉儲，物流中心就漂流在雲端，不占土地面積，由天上直接向地面發貨，這不是科幻情節！就如同阿凡達電影一樣，這些科幻情節將在日後一一落實在我們的生活中。

40 呎貨櫃運費 $1,300（由亞洲到美國），一台平板電腦只需 $10 運費。

 路網與路線的差異

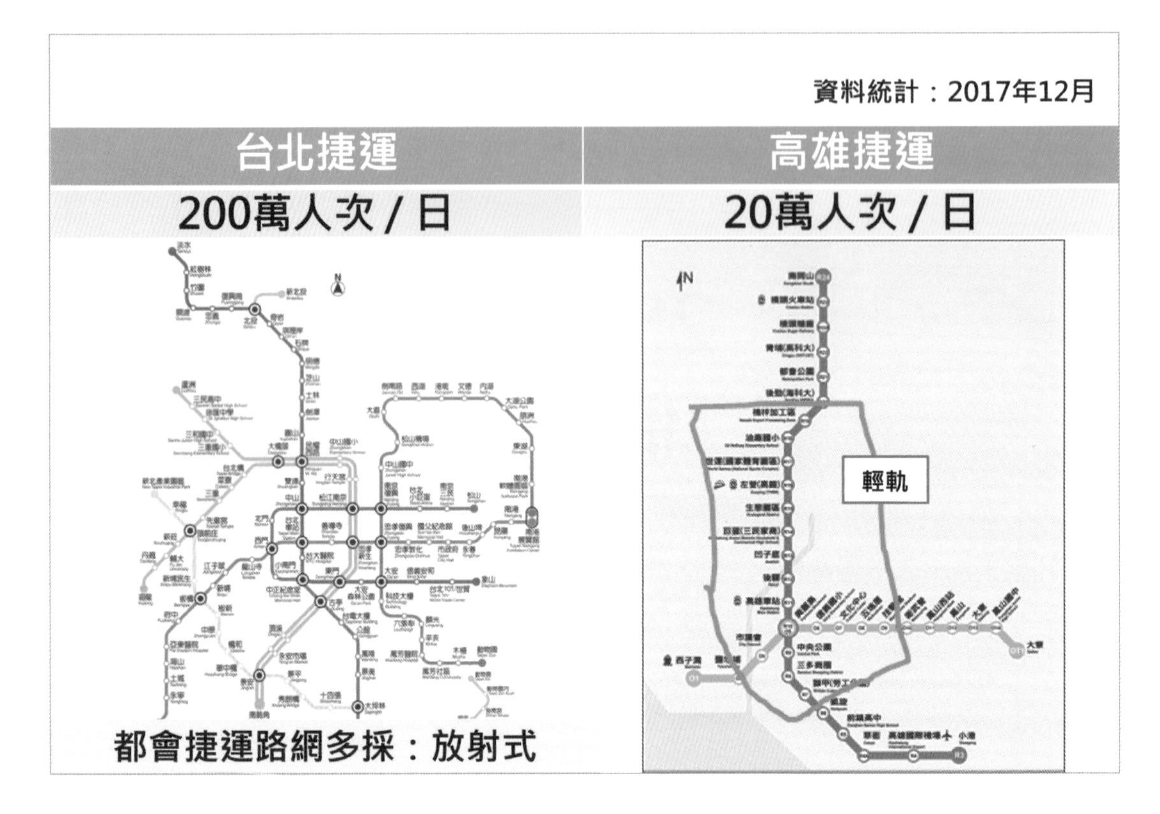

都會交通以公路運輸為主，但由於人口密度暴增，路面交通堵塞日益嚴重，國際各大都市政府紛紛籌建地下捷運系統作為日常通勤運輸替代方案，例如：紐約、北京、上海、東京、台北、高雄。

作為交通路網，網路線必須夠密，也就是方便上車、下車，10 分鐘以內的步行距離，再搭配路面公車網，形成便捷交通網絡，舉例分析如下：

左上方：台北捷運路線圖，目前每日運量高達 200 萬人次

右上方：高雄捷運路線圖，目前每日運量只有 20 萬人次

高雄捷運只有橫向橘線與縱向紅線 2 條，無法構成路網，對全體高雄市民都不方便，當時蓋捷運的目的就是一個字「騙」，並不是高雄人愛騎機車，是大眾運輸系統太爛了！執政者缺乏良心，如今高雄捷運成為一個虧損連連的錢坑，說個笑話：「美麗島站好大、好漂亮，最大的功能是溜滑輪，都不會撞到人！」。

交通運量規劃

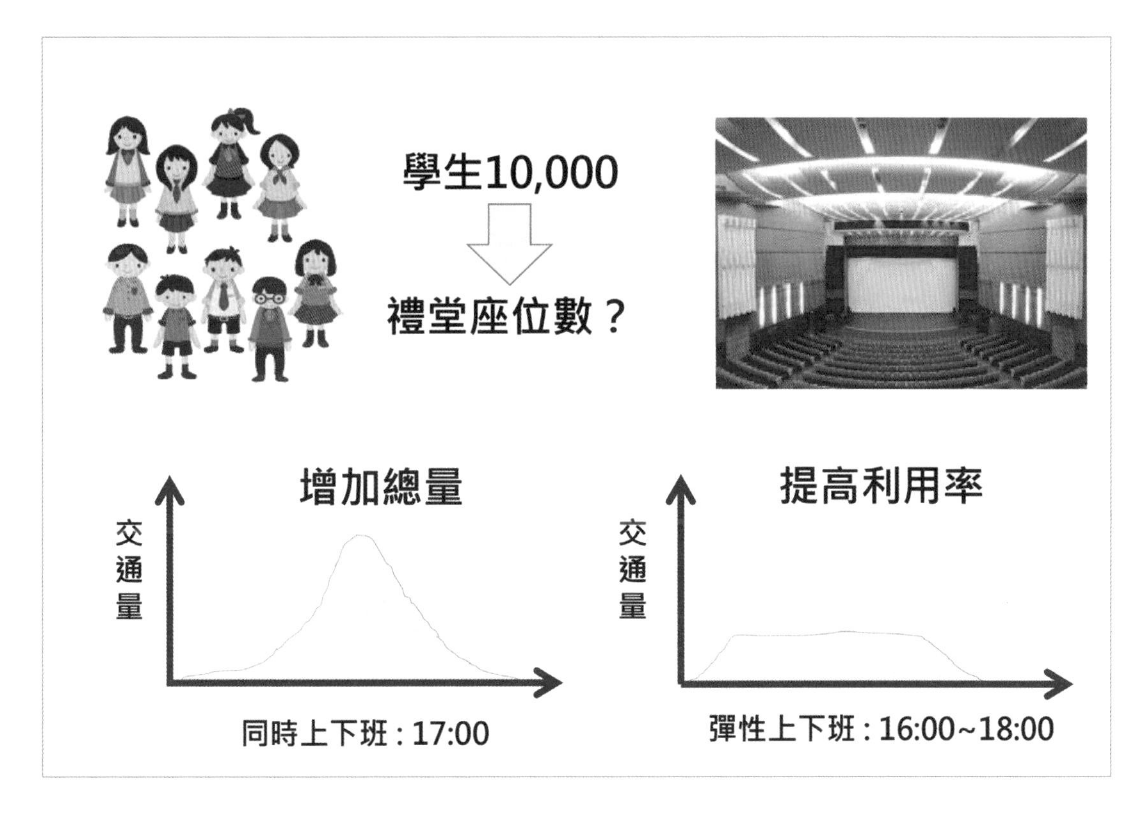

某高中有學生 10,000 人，每星期要舉行全校性週會，需要蓋一個容納 10,000 人的大禮堂嗎？太浪費了！更沒有必要，將 3 個年級的週會分開舉行，禮堂的容量就只需要 4,000 人，大量節省經費並提高使用率。

那交通阻塞的問題呢？加大路面寬度，從 2 線變 4 線、4 線變 8 線就不會塞車了，聰明！如果人口密度再增加呢？再將 8 線變為 16 線，可能嗎？都市計畫會預留這麼寬的道路預定地嗎？全世界著名的都市幾乎都沒有拓寬馬路的能力了，因此普遍採取地下捷運來紓解交通壅塞，但仍然是趕不上交通惡化的速度。

大都會街道、高速公路在非尖峰時段是不會塞車的，因此最佳解決方案是將尖峰時段車流引導至非尖峰時段，當然配套措施就是彈性上下班時間制度的實施，甚至使用科技工具，採取員工在家上班制度，成功的話，對於員工、企業都是雙贏，但難的是：改變老闆的心態、創新管理模式！

台灣交通運輸的演進

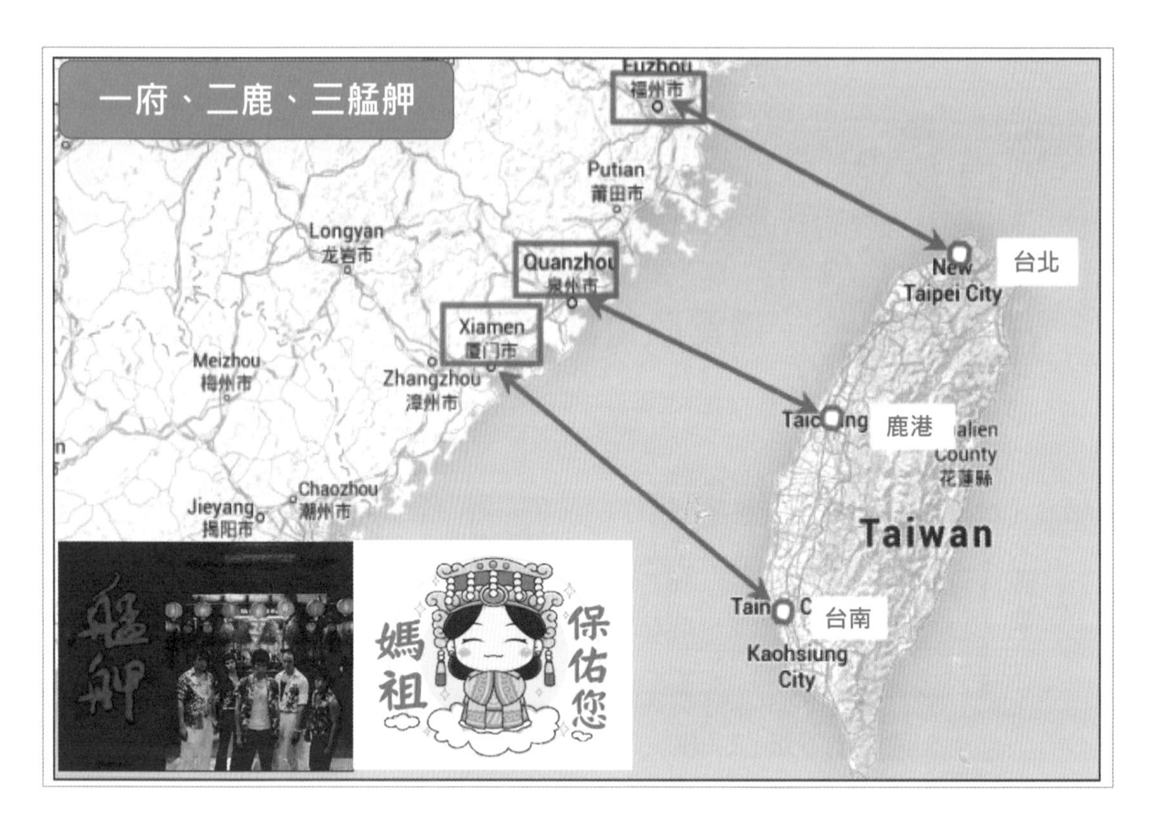

除了原住民之外，台灣的先民都來自於中國，早期海上運輸是相當發達的，台灣與中國相對應的口岸為：艋舺（台北）對福州市、鹿港（台中）對泉州市、台南對廈門市。

由於漁民眾多，出海需要神明保佑，大多信奉媽祖，因此目前兩岸文化宗教交流中，媽祖回鑾是一個相當重大的慶典。

對於通商口岸的繁榮，民間流傳一句諺語：「一府、二鹿、三艋舺」，由此可知早期城市發展，台南府城是最為繁榮的，常說台南人嫁女兒是嫁妝一牛車，確實是有根據的，台北今天的繁榮是因為國民政府遷台，作為首都後的建設。

台灣鐵、公路發展

- **鐵路**

  清朝：1887：基隆→新竹

  日本：1908：基隆→高雄

  ：1973：鐵路電氣化

  ：2007：高速鐵路(BOT)

- **公路**

  日本：1916：縱貫道（碎石）

  ：1965：台1線

  ：1978：中山高速公路

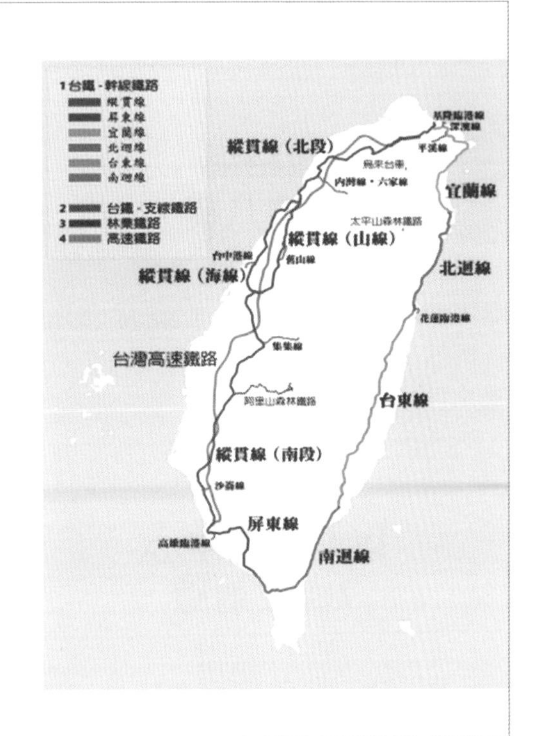

台灣的鐵路交通運輸始於清朝，1887 年基隆到新竹的鐵路通車，是現代化陸運建設的開端，接著日本殖民台灣，1908 年基隆到高雄鐵路全線通車，國民政府遷台後，1973 年完成鐵路電氣化，2007 年高速鐵路修建完成，全線由台北到高雄 400 多公里只需要 90 分鐘，整個台灣實現一日生活圈。

高速鐵路營運採 BOT 模式（Build-Operate-Transfer），也就是由政府提出公共建計畫，私人企業獲得政府授權興建，營運一定年限後，所有權轉移給政府繼續營運，說好政府不用出錢，結果卻還是由政府買單，官商勾結不是普通嚴重。

台灣公路建設始於日本殖民時代，1916 年完成由北到南的縱貫線，當時還只是碎石子路面，接著國民政府於 1965 年完成如今的台 1 線，是現代化的柏油路面，1978 年完成如今的中山高速公路，也就俗稱的 1 高，由台北到高雄大約只需要 4 小時的行程。

高速公路縱向以奇數編號：1、3、5…

高速公路橫向以偶數編號：2、4、6…

 中國陸運交通網

鐵路網
八縱八橫

公路網
以北京為中心
7條放射線

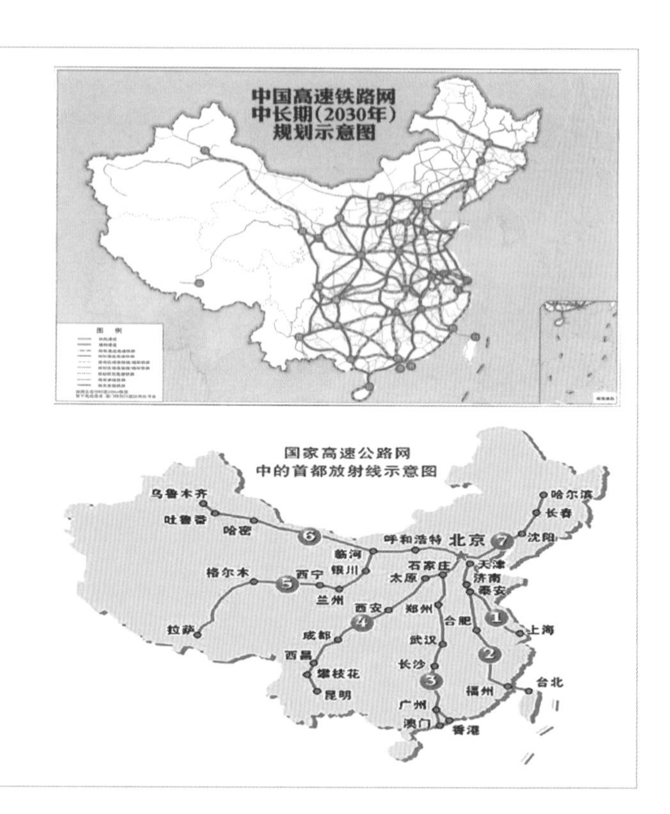

交通建設為一個國家經濟發展命脈，中國文革期間，所有建設呈現停滯狀態，1978 年鄧小平提倡改革開放後，中國才開始進行現代化經濟建設，其中最重要的基礎工程莫過於鐵路網、公路網。

鐵路運輸由國家開辦，擁有大量運輸的優勢，作為國家運輸的大動脈，因此發展都比公路運輸來的早，中國整體鐵路網的規劃就如同上圖：由八縱八橫路線組成路網。

公路運輸的優勢是小量多批次的到府運送，作為國家運輸系統的分支，公路由政府鋪設維護，汽車由民間自行負擔，因此在經濟發展到一定程度後，公路運輸才會蓬勃發展，中國的公路網的規劃就如同上圖：是以北京為中心的 7 條放射線所組成的路網。

中國高速鐵路是目前世界上最大規模的高速鐵路網，2008 年第一條京津城際高速鐵路建成通車。截至 2018 年 12 月總里程達 2.9 萬公里。

美國鐵公路發展

第一條鐵路

- 1869：運送農產品
- 愛荷華→加里福尼亞

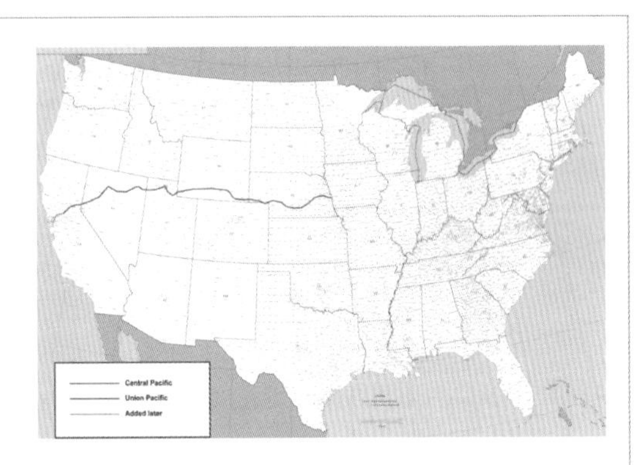

66號公路

- 1926
- 芝加哥－洛杉磯

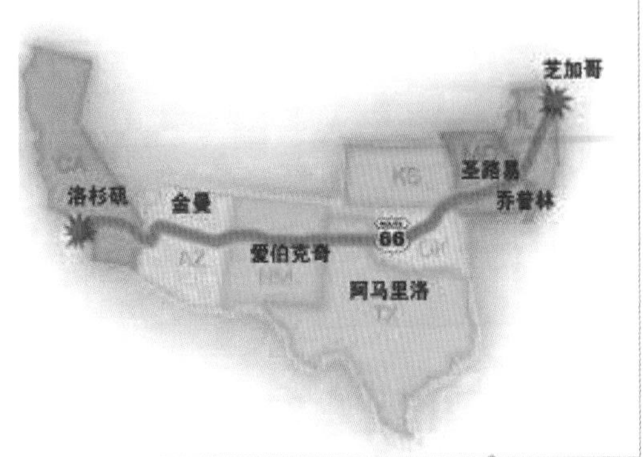

美國的第一條鐵路始於 1869 年，由中部的愛荷華州橫向貫穿到西岸的加州，主要做為運送農產品之用。

美國第一條現代化公路始於 1926 年，是將各州原有道路串連起來，由東岸芝加哥到西岸洛杉磯總長度 4,000 公里，這條公路編號為 66，因為見證美國經濟發展，因此又被稱為美國的母親之路（Mother Road）。

有人問：「中國與美國的現代化程度相差多少年？」，因為每一個國家的資源、策略有很大差異，因此在各領域的進展也存在很大的差異，所以很難做絕對性的比較，但現代化交通建設是經濟發展的根源，因此根據以下資料：

- 美國州際公路網始於 1956 年
- 中國第一條高速公路於 1988 年通車

我認為兩個國家有 30 年的差距，某些科技領域的發展或許可以採取跳躍式建設、彎道超車，但整體國力的發展卻是一步一腳印的。

討論：交通建設對城市發展的影響？

加油站

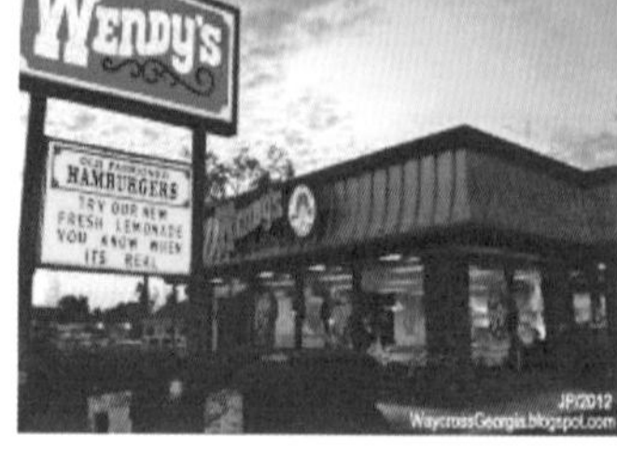

城市發展 5 部曲：

1. 馬路開通了，車在路上跑，車必須加油，因此公路沿線必須廣設加油站。
2. 車要加油，人要吃飯，因此公路沿線必須廣設餐廳。
3. 到了晚上，旅遊者、駕駛員必須休息，因此公路沿線必須廣設旅館。
4. 既然晚上要留宿休息，免不得要有一些娛樂，因此酒吧也開起來了！
5. 加油站、餐廳、旅館、酒吧、…，這些店家的員工必須在當地生活，因此百貨商店、房地產都跟著開起來了。

有了交通，帶來了人口，有了：交通＋人口，更會帶來工廠，有了工廠提供更多工作機會將吸引更多人口，這就是良性循環，這也就是中國一帶一路的整體戰略思考。

中、美交通發展策略差異？

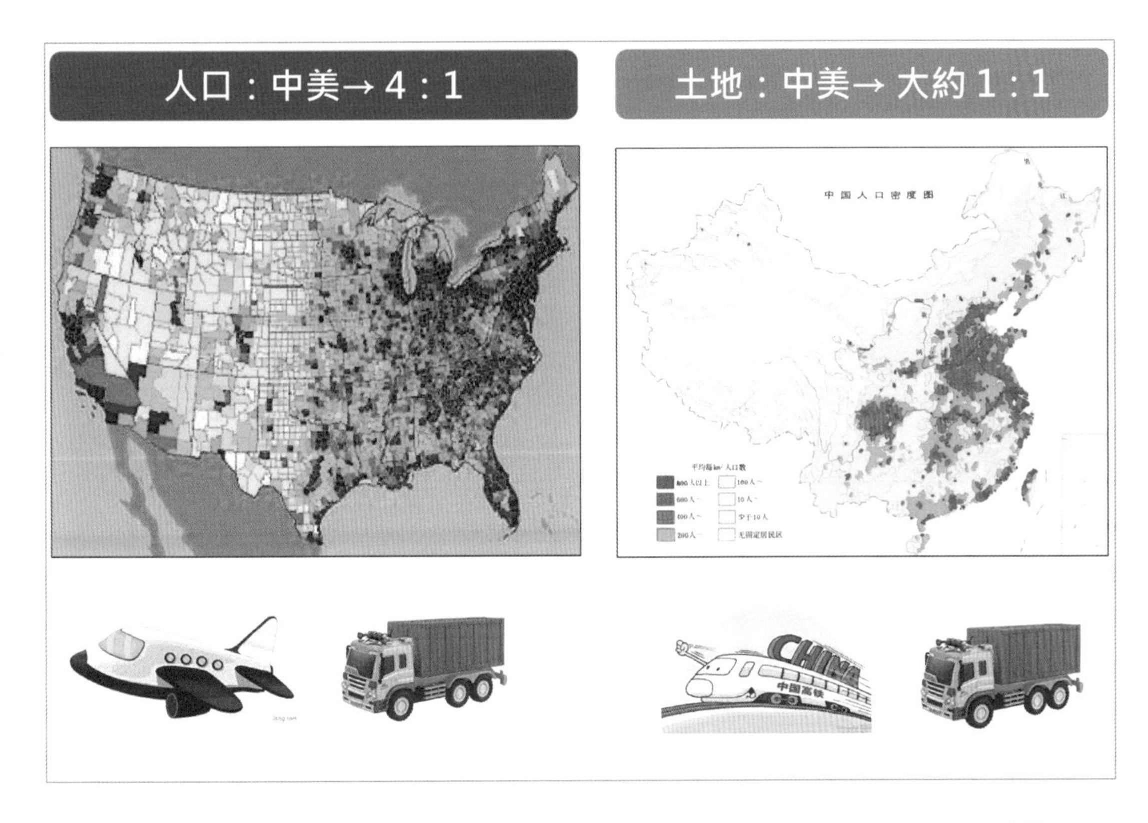

美國的高速公路網是全球最密集最完整的，中國的高速鐵路發展是全球第一，美國沒有高速鐵路，卻擁有最大的全球航空運輸體系，很明顯的，兩個國家基本條件不同，交通建設的策略也是不同的，分析如下：

A. 美國以汽車工業帶動整體經濟的戰略思考，因此鐵路建設相對落後。

B. 美國鐵路長途運輸的部分，需要時效的由飛機取代，不具實效的由公路運輸取代。

C. 中國人口數比美國多了 4 倍，人均所得只有美國 1/6，空中運輸是一種高質量、高單價的運輸方式，因此不適於以空運最為長途運輸的主力。

D. 中國 14 億人口，要在最短時間內建設有效的運輸系統，最佳選擇當然是採取鐵路運輸的最大優勢：運輸量大、單價低。

E. 中國現代化交通建設晚了美國 30 年，缺乏汽車工業紮實基礎，採取高速鐵路發展策略可實現彎道超車的效益。

德國高速公路網

種族屠殺讓希特勒成為歷史的罪人，但在另一方面，希特勒對人類發展卻有著偉大的貢獻：「高速公路」！

今天全球現代化高速公路的建築規範，都是沿襲德國二戰前的公路規劃，因為德國擁有先進的高速公路網，軍隊移動速度驚人，因此在歐洲戰役中無往不利，德國人的造車工藝也是領先全球的，雙 B：BENZ、BMW，攻佔全球高階車市場。

一次大戰後德國經濟蕭條，通貨膨脹，貨幣大幅貶值，當時就是靠著希特勒政府推出高速公路建設計畫，才挽救德國經濟，更進一步累積國力，有能力在短期內發動第二次世界大戰。

知識加油站：

目前台灣使用的官方貨幣為「新」台幣，因為政府遷台一樣發生過通貨膨脹，原有台幣形同廢紙，政府以 4 萬：1 元的兌換率，重新發行「新」台幣。

運輸與配送差異

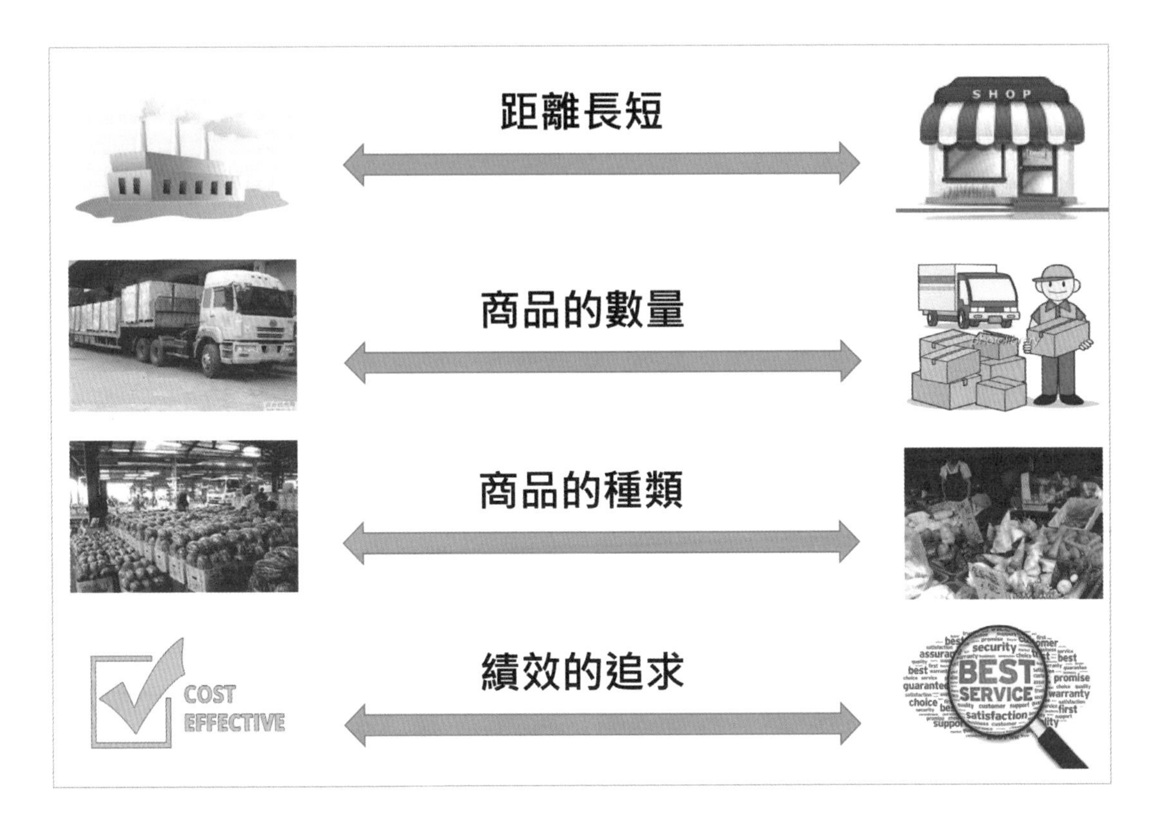

運輸與配送兩個用詞在學理上並無嚴格定義、規範，本單元將做一個簡單的區分：

- 距離：長距離稱為運輸（跨縣市），短距離稱為配送（區域內）。
- 數量：數量大稱為運輸（大貨車、火車），數量少稱為配送（小卡車）。
- 多樣：種類少稱為運輸（果菜公司），種類多稱為配送（傳統市場）。
- 績效：運輸的績效著重在成本效率（大宗物資運送）
  配送的績效著重在客戶滿意度（小量多樣的宅配）。

這只是一個大致上的分類，用以協助讀者閱讀相關資料時不至於產生字義的混淆。

配送 Delivery

電子商務最後一哩路在於「宅配」，由於生活環境、習慣的差異，各國宅配的運作模式都不相同，台灣因為有超高密度的便利商店，因此包裹的寄送、收件都可由便利商店代理，應該是全世界最方便的，美國的包裹寄送有專門的商店，每一家店代理多種快遞公司服務（上圖：左下角），由於美國大多是社區獨棟式住宅，因此收件就在自家門口，不必簽收也少有遺失的情況。

台灣的非都會區或是較大件商品還是會宅配到家，送貨司機就同時執行送貨服務員的工作，採取簽收制，因此必須與客戶作面對面服務，早期宅配業務是由貨運公司提供，對於服務品質並不要求，隨著生活水平提高，貨運公司轉型為物流公司，對於客戶服務品質要求提高，貨運司機也由 Driver（司機）提升為 Sales Driver（業務司機），是公司的業務代表。

今天台灣商品配送能不能學美國一樣，直接放在住家門口？一定得簽收嗎？

社會進步 vs. 配送

- 訂報紙，早上 06:00 送到你家，按門鈴要求簽收⋯
- 訂牛奶，早上 05:30 送到你家，按門鈴要求簽收⋯

有嗎？為何報紙、牛奶就不必簽收呢？有人說：「價值低就不必簽收」，哪請問多少錢以下界定為價值低？事實上報紙、牛奶一樣有人偷，跟價值高低沒有必然關係，只是為了 10 塊錢吵醒人，客戶是會翻臉的，因此公司願意承擔失竊的風險，這就對了！風險管理才是讀書人的決策模式。

30 年前台灣所得水準不高，教育水平不高，貪小便宜的人非常多，商品失竊的風險非常高，因此商品配送必須採取簽收制，30 年後的今天，生活條件有了巨大的提升，再加上所有路口、巷口、社區都安裝了監視器，在這樣的條件下，請問失竊率有多高？簽收所規避的風險相較於不必簽收所帶來的成本降低，哪一個績效較高呢？時代變了，科技進步了，卻還是沿用 30 年前的管理模式！

都會集貨點

成敗關鍵？

都會區人口稠密，是配送利潤最高的地方，但也由於人口稠密交通狀況漸趨惡化，以卡車宅配到府的配送方式成本日漸提高，許多宅配的新工具、新方式陸續推出：

- 以便利商店配送據點的整批配送，人們上下班時到便利商店領取。
- 在交通樞紐處（火車站、商場、公車站）設立配送商品儲物櫃，人們上下班時到儲物櫃領取。
- 以建築法規規定新大樓必須配置無人機停機坪，供物流配送使用，以方便都會大樓宅配到家。
- 以無人車自動配送商品至大樓、辦公室、住宅。

科技是死的，管理、應用是活的，必須有規劃完善的配套措施及立法獎勵，創新才能落實，各國政府的效能就在這種地方分出高低。

偏鄉配送方案？

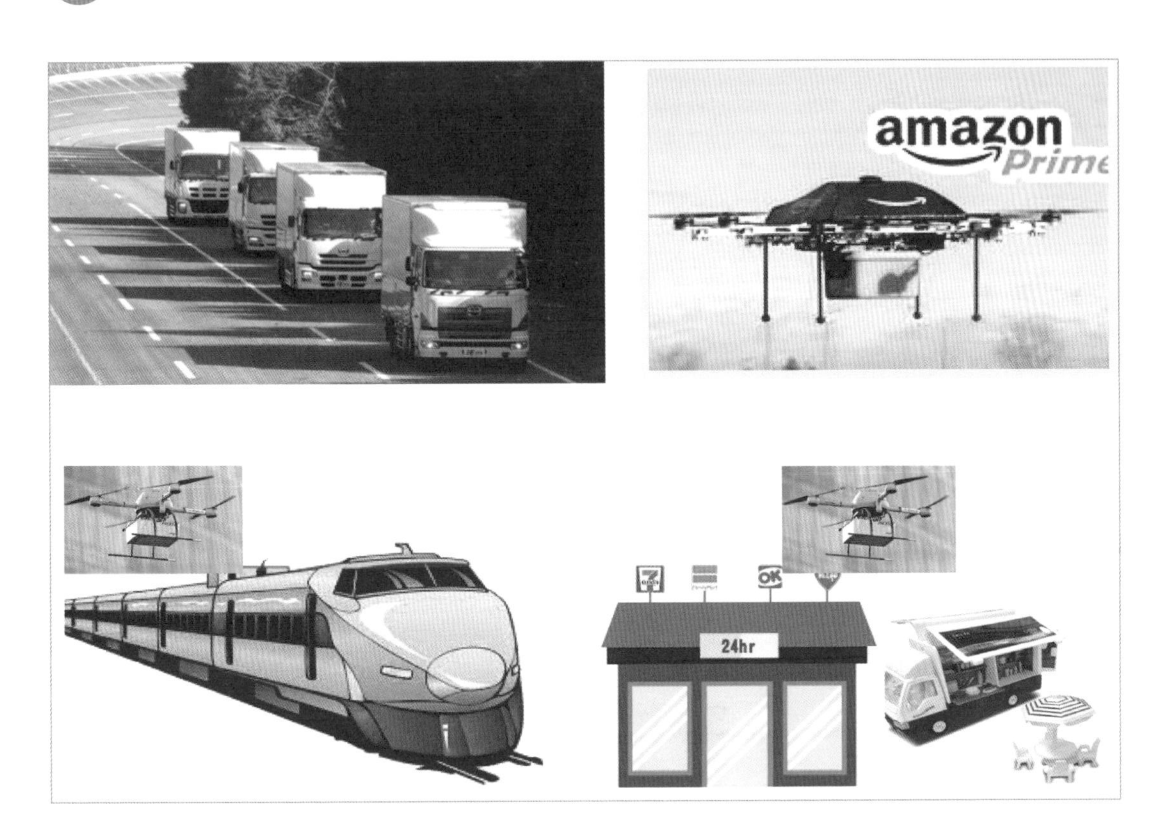

偏鄉配送由於人口密度低、距離遠，可以說是不賺錢的買賣，但是服務卻不能不作，因此是各個物流業者絞盡腦汁，希望能夠轉虧為盈的營業項目，以下是目前幾種變革做法：

- 物流業者與大眾運輸系統結合，例如：日本物流業以偏鄉的公車作為貨運的交通工具，達成雙贏。
- 以無人機配送偏鄉商品。
- 由於無人機飛行距離有限，因此可搭配：火車、便利商店、行動便利商店，作為無人機起降點。

總之，在地面交通壅塞的今天，物流配送朝向空中發展，是目前最符合成本效益的做法，而成功與否取決於各國政府對無人機航空法規的立法態度。

物流自動化 – 1

物流自動化發展進程：

第一階段：著重於節省人力，提高作業效率，例如：使用堆高機。

第二階段：著重於物流中心的空間的有效使用，例如：自動倉儲設備的使用。

第三階段：著重於大量、高效率的系統開發，例如：使用智能化機器人並搭配自動化分檢系統及整體物流管理系統。

物流是一個資金、經驗密集的產業，需要大量資金的投入、一套專業的物流倉儲管理系統、長時間對於系統調教的投入，這對於競爭對手可以築起高高的護城河，Amazon 為了提高物流中心作業效率，經過多年實務經驗，自行設計開發專屬物流管理資訊系統，以符合 Amazon 特殊、高效率的作業模式，當然這也是其他競爭對手無法模仿的。

物流自動化 - 2

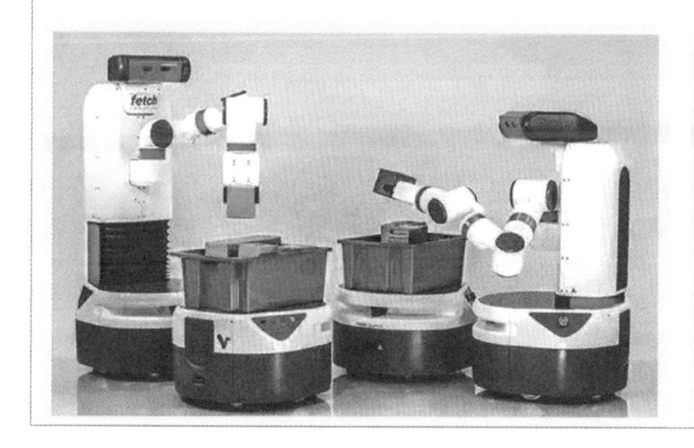

Amazon 為了提高物流中心作業效率，併購了物流機器人大廠 KIVA System，讓物流機器人的研發成為 Amazon 的核心能力，中國的京東商城也是以先進的物流自動化管理起家，在物流配送效率便明顯上領先阿里巴巴及其他廠商。

生活水平日益提高的今天，消費者對於商品配送的要求日益嚴苛，1 週 → 3 天 → 1 天 → 8 小時，甚至是市區內 4 小時到貨，因此導入智能化的物流管理系統已是所有廠商的基本要求，也唯有不斷的投入資金、研發，才能提高物流中心經營績效，更進一步以超高服務水平拉開與競爭者的距離。

電子商務產業競爭無非 2 個法寶：商品價格、配送效率，根據 Amazon 的飛輪理論策略，物流中心的自動化、智能化，是影響 2 個法寶的重要因素。

習題

( ) 1. 以下有關物流概論，哪一個項目是錯誤的？

(A) 小量多樣的住家配送成本高
(B) 偏鄉配送不符經濟效益應停止服務
(C) 全球化企業興起，國際物流蓬勃發展
(D) 客戶滿意是物流服務重要指標

( ) 2. 以下有關物流演進，哪一個項目是錯誤的？

(A) 一帶一路是鄧小平提出
(B) 絲綢之路是國際物流的起源
(C) 漕運是官方的物流運輸系統
(D) 市集是最早的民間物流中心

( ) 3. 以下有關生活息息相關，哪一個項目是錯誤的？

(A) 自來水是一種物流
(B) PIZZA 配送是一種物流
(C) 從市場買菜回家不是一種物流
(D) 宜蘭運菜至台北是一種物流

( ) 4. 以下有關 7-11：通路，哪一個項目是錯誤的？

(A) 是台灣最大便利商店
(B) 約有 5,000 家分店
(C) 是台灣最重要的通路之一
(D) 東西太貴消費者卻步

( ) 5. 以下有關物流奇蹟，哪一個項目是錯誤的？

(A) 全球 7-11 都是 24 小時營業
(B) 台灣約有 10,000 家便利商店
(C) 台灣的便利商店也是物流中心
(D) 便利商店是外籍人士的最愛

( ) 6. 以下有關為何台商蜂擁至中國投資，哪一個項目是錯誤的？

(A) 中國希望轉型為世界市場

(B) 中國目前是全球最大經濟體

(C) 中國人口約為台灣 50 倍

(D) 康師傅是台資企業

( ) 7. 以下有關 7-11：物流系統，哪一個項目是錯誤的？

(A) 7-11 商品分為 4 大類

(B) 物流中心分類與商品溫度控制有關

(C) 常溫食品配送頻率最高

(D) 鮮食食品每日 2 配

( ) 8. 以下有關商品溫層分類，哪一個項目是錯誤的？

(A) 關東煮溫控為 4 度 C

(B) 食品由生產到賣場必須全程定溫

(C) 便利店中備援電力系統是必備的

(D) 食品最重要就是保鮮

( ) 9. 以下有關 7-11：全省物流中心，哪一個項目是錯誤的？

(A) 物流是資本密集的產業

(B) 強大的營收才能支撐物流中心的成本

(C) 花東人口少因此只有一個物流中心

(D) 離島人口不足無法設物流中心

( ) 10. 以下有關 7-11：營收、獲利，哪一個項目是錯誤的？

(A) 營收代表公司規模

(B) 每股盈餘代表公司獲利能力

(C) 亞洲企業經營比較偏向短期目標

(D) Amazon 將 EPS 列為首要目標

( ) 11. 以下有關甘仔店 → 便利商店，哪一個項目是正確的？

(A) 便利商店商品價格便宜

(B) 便利商店服務品質佳

(C) 便利商店就是賣便利

(D) 7-11 只營業到晚上 11 點

(　　) 12. 以下有關便利商店 24 小時營業模式，哪一個項目是錯誤的？

(A) 是為了服務特定工作族群

(B) 台灣夜貓族特別多

(C) 7-11 原本營業時間是 am7~pm11

(D) 方便物流配送與店內補貨

(　　) 13. 以下有關達美樂 85252，哪一個項目是錯誤的？

(A) 30 分送達是考慮食物美味

(B) 100 元折價券是行銷方案

(C) 店長不希望送出折價券

(D) 折價券可轉變消費者滿意度

(　　) 14. 以下有關分店數量規劃，哪一個項目是錯誤的？

(A) 以客為尊因此必須廣設分店

(B) 人口密度是考量因素

(C) 消費能力是考量因素

(D) 分店數量直接影響經營成本

(　　) 15. 以下有關分店地點規劃，哪一個項目是錯誤的？

(A) 美團外送目前是採取補貼的經營模式

(B) 點餐平台整合所有餐廳外送業務

(C) 點餐平台整合所有客戶訂單

(D) 點餐外送已是成熟獲利產業

(　　) 16. 以下有關 7-11：虧損 7 年，哪一個項目是錯誤的？

(A) 7-11 起源於美國

(B) 7-11 被台灣統一企業併購

(C) 7-11 引進台灣初期虧損 7 年

(D) 7-11 在中國並沒有發光發熱

(　　) 17. 以下有關誠品：慘賠 15 年，哪一個項目是錯誤的？

(A) 台灣第一熱門旅遊景點是故宮博物院

(B) 誠品就是一家純書店

(C) 購買書籍是一種有錢、有閒的消費

(D) 企業經營應著重永續經營

( ) 18. 以下有關「討論：先投資？先收錢？」，哪一個項目是正確的？

(A) 誠品的成功歸功於眼光獨到
(B) 生逢其時是誠品成功的因素之一
(C) 誠品主要獲利來自於複合式經營
(D) 吳清友是富二代因此可以虧 15 年

( ) 19. 以下有關運輸系統：配送，哪一個項目是正確的？

(A) 菜鳥網是大潤發成立的
(B) 阿里巴巴只專注網路商城經營
(C) 物流運輸都有賴於堅實的基礎建設
(D) Amazon 一開始就是物流起家

( ) 20. 以下有關運輸方式優缺點分析、選擇，哪一個項目是錯誤的？

(A) 卡車是短距離運輸的首選
(B) Door To Door 是最方便的
(C) 成本是優先考量的因素之一
(D) 海運、空運不受天候影響

( ) 21. 以下有關運輸工具的替代，哪一個項目是錯誤的？

(A) 鐵路運輸是美國最主要的運輸工具
(B) 中短程運輸公路取代鐵路
(C) 在地生產可降低運輸成本
(D) 公路運輸的優點：Door To Door

( ) 22. 以下有關複合式運輸，哪一個項目是錯誤的？

(A) 上海到美西採海運是可行性 + 成本考量
(B) 美西到美東採鐵路是成本 + 時間考量
(C) 紐約到德拉瓦採公路是方便性考量
(D) 一切以成本考量為優先

( ) 23. 以下有關貨櫃輪運輸，哪一個項目是錯誤的？

(A) 3E 設計：大量、高效、環保
(B) 一個 40 呎櫃的容量稱 1 個 TUE
(C) 最大的貨櫃輪裝載量為 1.8 萬個 TUE
(D) 海運是大宗物資最佳的運送方式

(　　) 24. 以下有關海空運運量比較，哪一個項目是錯誤的？

(A) 全世界最大運輸機是美國生產

(B) 空運的優勢在時間

(C) 海運的優勢在載運量及成本

(D) Amazon 在研發高空倉儲

(　　) 25. 以下有關路線與路網的差異，哪一個項目是正確的？

(A) 高雄捷運的失敗原因為資金不足

(B) 高雄捷運的失敗因為高雄人愛騎摩托車

(C) 高雄捷運的失敗原因為不夠便利

(D) 台北捷運成功是因為台北人素質高

(　　) 26. 以下有關交通運量規劃，哪一個項目是解決交通壅塞的良方？

(A) 彈性上下班

(B) 禁止外縣市車輛進入

(C) 拓寬馬路

(D) 管制購買汽車

(　　) 27. 以下有關台灣交通運輸的演進，哪一個項目是錯誤的？

(A) 一府：台南

(B) 嫁妝一牛車指的是台北的繁華

(C) 二鹿：鹿港

(D) 三艋舺：台北

(　　) 28. 以下有關台灣鐵公路發展，哪一個項目是錯誤的？

(A) 台灣鐵路發展始於清朝

(B) 台灣縱貫道公路始於日治時代

(C) 二高指的是 2 號高速公路

(D) 台灣高鐵採 BOT

(　　) 29. 以下有關中國陸運交通網，哪一個項目是錯誤的？

(A) 鐵路網八縱八橫

(B) 公路網以上海為中心

(C) 高速鐵路規模全球第一

(D) 公路網由 7 條放射線組成

( ) 30. 以下有關美國鐵公路發展，哪一個項目是錯誤的？

(A) 第一條鐵路用以運送農產品
(B) 第一條現代化公路為 66 號公路
(C) 66 號公路又稱為父親之路
(D) 鐵路運輸發展比公路早

( ) 31. 以下有關「討論：交通建設對城市發展的影響？」，哪一個項目不是城市發展 3 要素？

(A) 人口
(B) 交通
(C) 工作機會
(D) 高樓

( ) 32. 以下有關「中、美交通發展策略差異？」，哪一個項目是錯誤的？

(A) 美國以公路為主
(B) 中國以鐵路為主
(C) 美國以汽車工業帶動整體經濟
(D) 中國以空運實現彎道超車

( ) 33. 以下有關德國高速公路網，哪一個項目是錯誤的？

(A) 現代化高速公路是美國人規劃
(B) 德國以建設高速公路解決經濟蕭條
(C) 德國因有高速公路因此戰無不勝
(D) 希特勒建設高速公路有極大貢獻

( ) 34. 以下有關運輸與配送差異，哪一個項目是錯誤的？

(A) 長距離為運輸
(B) 多樣性為運輸
(C) 數量少為配送
(D) 重視客戶滿意為配送

( ) 35. 以下有關配送 Delivery，哪一個項目是錯誤的？

(A) 宅配是電子商務最後一哩路
(B) 美國宅配必須簽收
(C) 宅配司機稱為 Sales Driver
(D) 宅配司機也是公司業務代表

(　　) 36. 以下有關社會進步 vs. 配送，哪一個項目是正確的？

(A) 早上配送牛奶必須簽收
(B) 價值低的商品就不必簽收
(C) 宅配簽收大幅提高成本
(D) 宅配簽收是落伍的管理方式

(　　) 37. 以下有關都會集貨點，哪一個項目是無人機配送實施的關鍵因素？

(A) 科技
(B) 研發資金
(C) 法規
(D) 職業訓練

(　　) 38. 以下有關偏鄉配送方案，哪一個項目是錯誤的？

(A) 日本物流業者與大眾運輸系統結合
(B) 物流配送朝向空中發展是趨勢
(C) 偏鄉物流不賺錢應該停止
(D) 航空法規影響無人機配送的成敗

(　　) 39. 以下有關物流自動化，哪一個項目是錯誤的？

(A) 物流是一個資金密集產業
(B) 物流是一個經驗密集產業
(C) Amazon 自行設計開發物流管理系統
(D) 物流產業很傳統容易複製

(　　) 40. 以下有關物流自動化，哪一個項目是錯誤的？

(A) Alibaba 併購物流機器人大廠 KIVA System
(B) 配送效率是電子商務產業競爭法寶
(C) 京東商城以先進物流自動化起家
(D) 商品價格是電子商務產業競爭法寶

CHAPTER

7

全球化貿易

一個企業為了擴張版圖，會將生意做到國外去，為了以下幾項因素，便會選擇在國外成立分公司：

- 節省生產、運輸成本
- 貼近市場，獲取市場資訊
- 避免關稅、進口配額限制

在海外成立許多分公司並不能稱為全球化企業，這些分公司是獨立作業還是團隊作業？有協同作業的機制嗎？很多公司變大後並沒有變強，只是虛胖而已！

全球化企業雖然充滿了生命力，但面對全球詭譎多變的政治，企業經營分險也大幅提升，當然，經濟是不可能與政治脫勾的！

討論：關稅、貿易自由化的利弊？

貿易不自由的代價？

限制貿易的好處？

貿易自由化的風險？

貿易自由化的好處？

未開發、開發中國家為了培植本國企業，經常訂定高額關稅與進口配額限制，來保護本國企業避免外來的競爭，就是俗稱的關稅壁壘，但另一方面又鼓勵本國企業大量出口商品到海外市場，最常見的做法就是政府出口補貼政策，這就不公平貿易。

關稅保護政策真的有利於國內產業發展嗎？作者抱持反對意見，俗語說：「慈母多敗兒」，保護政策下只會培植出一些吸國家血的敗家企業，而且像吸食毒品一般，一旦停止保護企業就完了！我信奉的是：「寒門出孝子」的理論，政府要做的應該是健全公平市場機制，活絡市場資金，讓本國企業在接受外企業競爭的同時有自我成長的環境，而不是一昧的餵食讓企業喪失對抗競爭的能力。

不公平貿易是不可能長期存在的，沒有哪一個國家是笨蛋，會長期忍受他國不公平的對待，美國川普政府所揭開的美中貿易大戰，不就是來自於美國的反撲，中國企業能承受的起嗎？國家保護的結果有讓企業變強嗎？

區域經濟

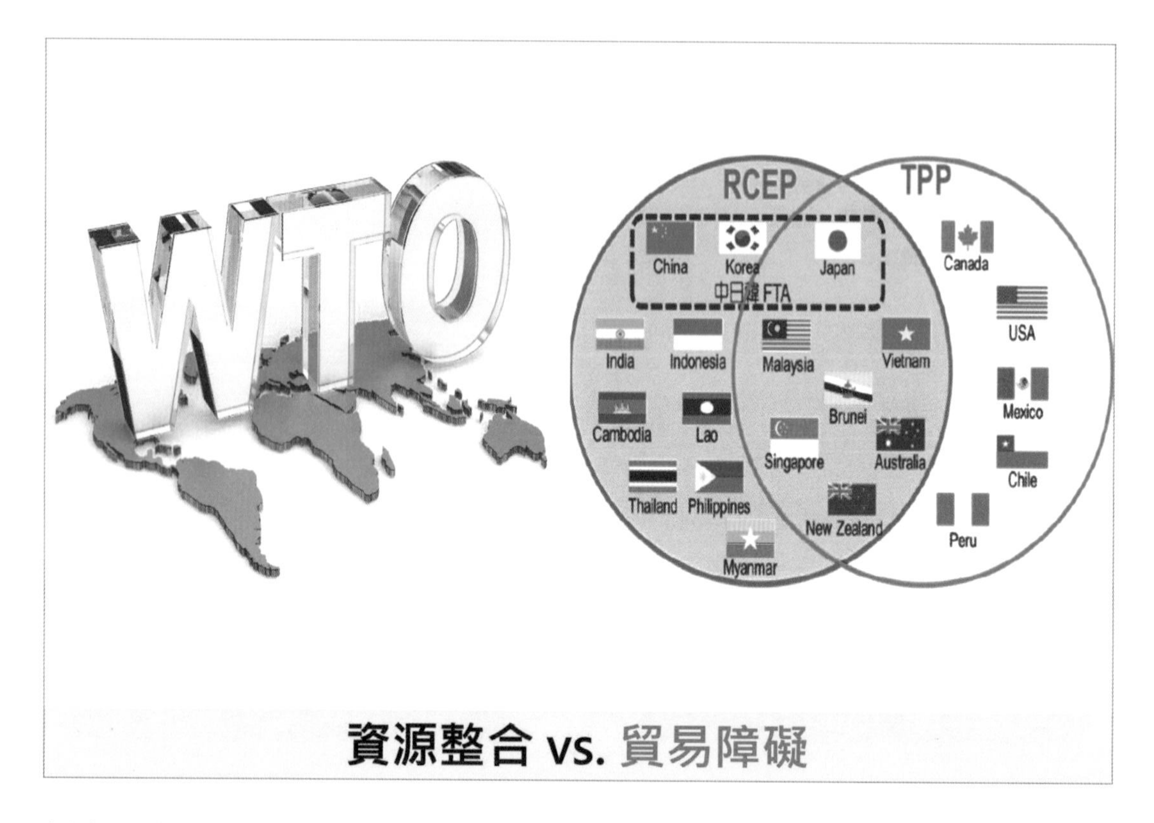

經濟跟政治絕對是掛勾的！人是群聚的動物，有人就有幫派，結黨結派就是為了共同抵抗外來的侵略，鄰近的人會結黨，鄰近的國家也是同樣的道理，這就是區域政治、區域經濟。

鄰近的國家互通有無，熱絡的經濟讓鄰國之間達到資源共享，由於往來密切，為了雙方都能獲利，加速區域經濟發展，因此開始發展出區域經濟，區域內結盟國家交易享有極低的關稅或甚至免稅，如此一來對於非區域內結盟國家就產生關稅差異，形成貿易障礙。

WTO 世界貿易組織的成立就是為了消除貿易障礙，但由於保護主義再次抬頭，區域經濟的崛起，RCEP（東南亞區域全面經濟夥伴關係協定）、TPP（跨太平洋夥伴全面進步協定）都是地緣性結盟的組織。

以外貿導向為經濟主體的台灣，在這場區域經濟賽局中處於非常不利的位置，在政治上若無法躲過中國的封鎖，經濟發展不容樂觀！

區域經濟的競合關係

1. 自由貿易區　2.關稅同盟　3.共同市場　4. 經濟同盟

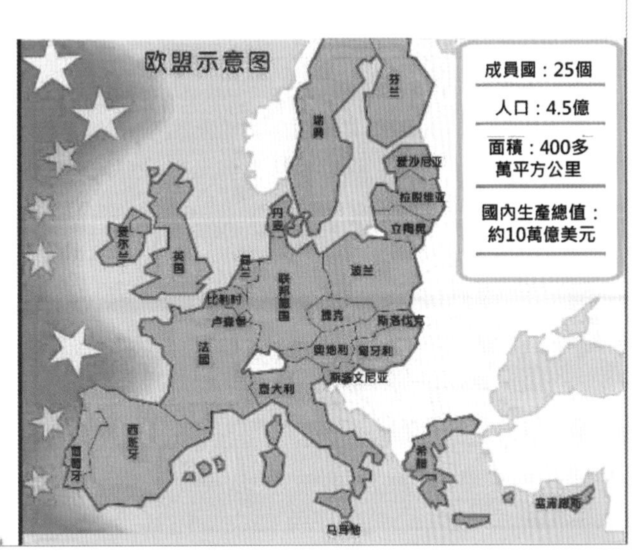

區域經濟就是鄰近國家的結盟，盟邦之間的關係有深有淺，大概分為四種不同層次：

自由貿易區	區域內成員間免除所有關稅及配額限制，而對區域外國家仍維持其個別關稅、配額或其他限制。 例如：NAFTA 北美自由貿易區，包括美國、加拿大、墨西哥
關稅同盟	除撤銷成員間的關稅外，對外則採取共同關稅。
共同市場	除具有關稅同盟特性外，還包括建立成員間人員、勞務和資本自由流通所形成的無疆界區域，如 1958 年歐洲共同市場。
經濟同盟	完全經濟一體化：成員的經濟、金融、財政等政策完全統一，並設立超國家機構。 例如：今天的歐盟組織。

自貿區：資源整合吸引外資

吸引外資投資對於國家發展是一把兩面刃，緊縮了就傷了外資投資意願，降低了則損害國內企業保護，有一句廣告詞：「愛，又怕受傷害」，可以精準的描述這種矛盾心情。

自由貿易區就是既要吸引外資，又要避免國內企業遭受衝擊的彈性做法，又稱為境內關外，啥…？就是在鄰近港口的地方劃定專區，專區內視同關外，因此不必繳稅，但卻可享受一條龍產業整合服務，如下表：

一條龍產業整合			
貿易	轉口	組裝	製造
倉儲	轉運	重整	檢驗
物流	承攬運送	包裝	測試
貨櫃	報關服務	修理	
		裝配	
		加工	

台灣裕隆汽車的蛻變

50年產業保護

開放WTO競爭

台灣裕隆汽車受政府以高關稅保護 50 年，自行設計生產的飛羚 101、102 都是爛車，由日本車廠轉移的技術根本不到位，營業主力仍然是台日技術合作的車種，說白話文就是：「日本車在台組裝」。

台灣於 2002 年正式加入 WTO，一向受高關稅保護的汽車業，當然是受到極大的衝擊，在少主嚴凱泰經過幾年的銳意改革後，裕隆汽車於 2009 推出自主開發車型 LEXGEN（納智捷），並於 2010 年與中國東風車廠合資成立東風裕隆，正式將 LEXGEN 車型推廣至中國。

國家政策保護下，裕隆汽車 50 年毫無作為，加入 WTO 後，被架在炭火上烤個 7 年，卻產出具備世界競爭力的 LEXGEN，因此問題不在孩子身上，錯就錯在慈母。

台灣農業競爭力

為了怕財團炒作農地，台灣農地不准轉賣給不具備農民身分的人，但隨著工商業發達，人口都市化程度嚴重，農村的老人家沒有體力、更無創意從事農業工作，農村嚴重缺乏人力，農地逐漸荒廢，另一方面，許多受過高等教育對農業有興趣、或厭煩都市生活的年輕人，想到鄉下從事精緻農業開發，卻在法令限制下無法取得農地。

台灣加入 WTO 之前，報章雜誌、新聞媒體，一面倒的唱衰台灣農業一定倒，許多蛋頭學者更是大聲疾呼要政府保護農民，錯！錯！錯！用補貼政策收購農產品不是保護農民，相反的，是在糟蹋農民，政府該做的是制定國家可長可久的農地、糧食政策，制定農業創新獎勵辦法，讓想要從事農業的人力可以回流農村，俗語說：「給人魚吃，不如教人釣魚」。

為了因應加入 WTO 對農業的衝擊，台灣立法通過放寬農地自由買賣，大批有志於農業發展的年輕人，回到鄉村開展高附加價值的精緻農業，台灣越光米品質媲美日本越光米、古坑咖啡飄香海外、台南蘭花世界奪冠、假日踏青的薰衣草觀光花園是國人假日休閒旅遊的最佳景點。

全球化生產、企業

從全世界電子產品 Made in Taiwan，一直到 Made in China，主角始終是台灣鴻海集團（中國富士康），全球最大電子組裝廠。

有人稱鴻海 CEO 郭台銘為現代企業版成吉思汗，因為鴻海的企業版圖遍及全球 5 大洲，憑藉全球布局完整的優勢，世界電子大廠都樂於找鴻海代工生產，藉以降低成本、提升物流效率，風靡全球的 APPLE 產品主要代工廠就是鴻海。

全球布局、在地生產，最主要的優勢當然是避免貿易障礙，更可發揮 1 + 1 > 2 的綜效，每一個國家、地區都有自身的優勢，透過全球分工、協調、整合，鴻海企業的行動力、執行力都是業界之冠，控制成本的能力更是讓競爭對手咬牙切齒。

鴻海企業所到之處都是為當地帶來工作機會，各國政府對郭台銘的禮遇不亞於國家元首，不只是鴻海公司建廠，更帶來上下游供應鏈廠商，是各國政府真正的財神爺！

富士康傳奇

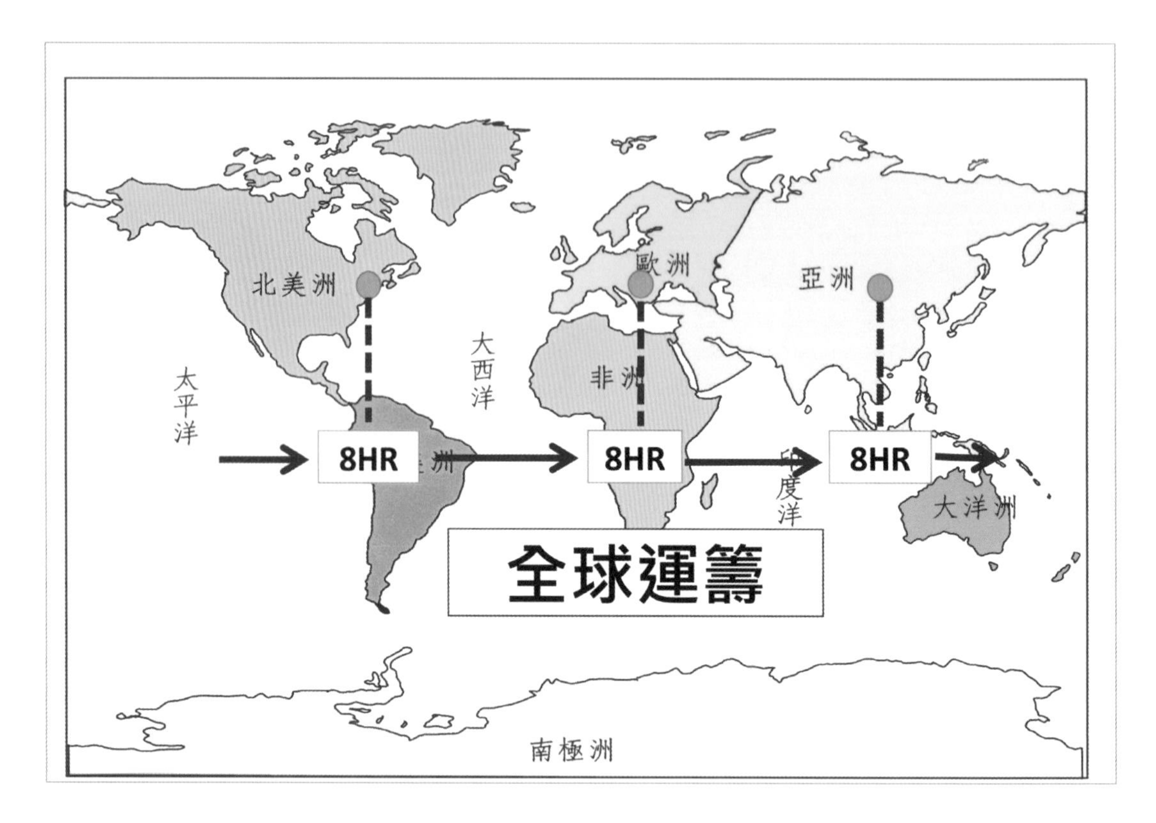

假設有一個 ODM（代工設計生產）的案子，標準設計時間為 24 小時，其他廠商接單必須 3 天（一天 8 小時工時 x 3 = 24 小時），但鴻海接單只需一天，因為鴻海的研發設計團隊遍布全球，我們簡化一下，假設：亞洲、美洲、歐洲鴻海各有一研發團隊，利用地區時差三個地區研發團隊接棒設計，一天 24 小時完成產品設計。

上面的假設案例說明了 1 + 1 > 2 的綜效，但不同區域的研發團隊接力合作談何容易！語言不同、工作習慣不同、文化不同、…，接力過程不會掉棒嗎？這就是鴻海集團最大的競爭優勢：全球運籌，鴻海全球員工超過 100 萬人，這樣一個超大團隊玩接力，除了團隊默契，更需要鐵一般的標準作業程序。

前面強調過，並不是在全世界開分公司、開工廠就叫做全球化企業，必須能夠做到：分工、協同作業、整合資源，才是「運籌」。

車同軌、書同文 (1)

張媽媽：1　斤20元

1市斤 = 0.5公斤

張媽媽：1市斤20元 = 40

李媽媽：1台斤25元 = 32

王媽媽：1公斤30元 = 30

國名	法國	英國	愛爾蘭	荷蘭	比利時	盧森堡	梵諦岡
國旗							
貨幣	法郎	英鎊	愛爾蘭鎊	荷蘭盾	比利時法郎	盧森堡法郎	義大利里拉

一個有紀律的團隊首先講的就是規則，共同的度量衡單位、共同的語言、共同的貨幣、…，如果這些最基本的東西都無法一致，那協同合作便只能是一句空話！

小時候我住在菜市場中，印象很深刻，市場口擺著一台公家的磅秤，為什麼呢？因為當時的商人大多不誠實，喜歡偷斤減兩，賺取不義之財，因此經常引起消費糾紛，逼得政府只好推行童叟無欺運動，並在市場擺一台標準的公秤，讓消費者可以重新確認商品重量。

說一個笑話：張媽媽、李媽媽、王媽媽都到市場買番茄，在市場口遇到就開始聊八卦，王媽媽說她一斤番茄買 30 元，李媽媽說她一斤番茄買 25 元，張媽媽一聽，得意的說她一斤番茄只買 20 元，並拿出番茄來炫耀，王媽媽一開始臉都綠了，接著一看張媽媽的番茄，大聲笑道：「你只買半斤喔…」，原來：王媽 1 公斤 30 元、李媽 1 台斤（0.6 公斤）25 元、張媽 1 市斤（0.5 公斤）20 元，王媽媽買的番茄最便宜！

車同軌、書同文 (2)

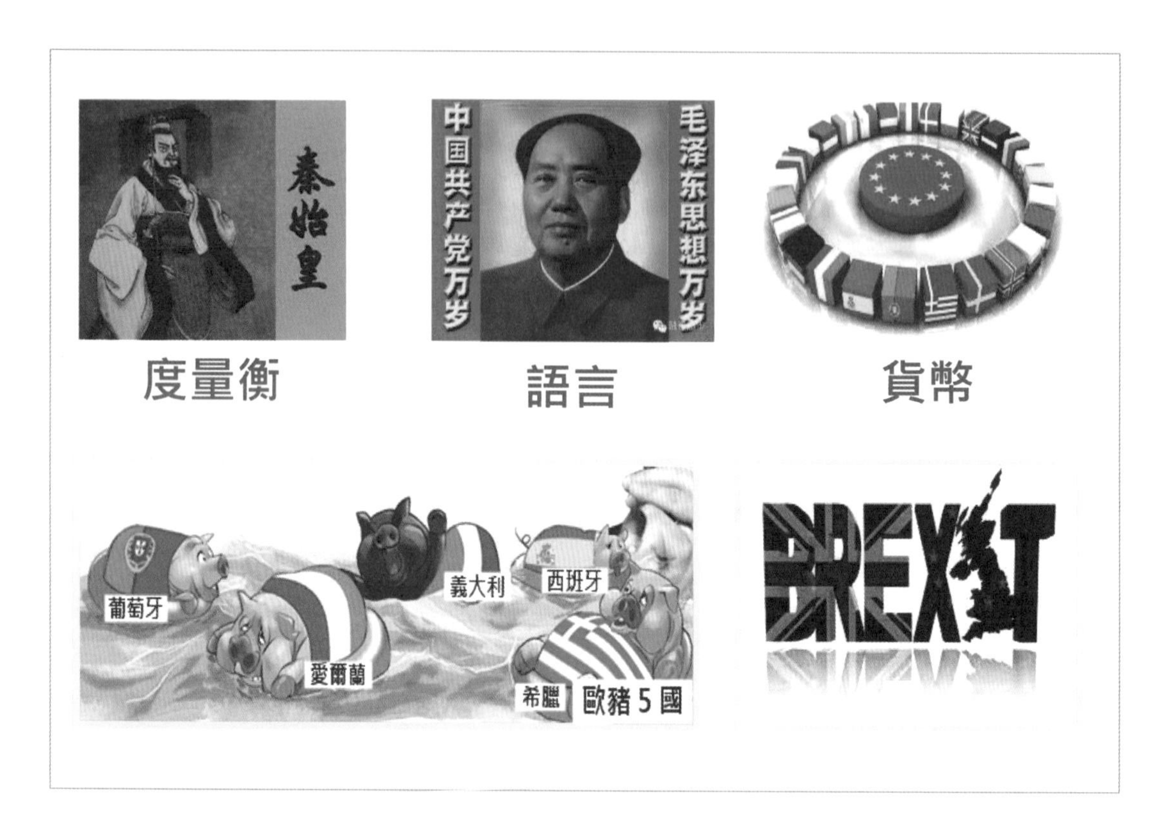

小時候讀歷史教課書，秦始皇焚書坑儒就是個大壞蛋，但同時也成就統一中國度量衡的偉大功業，讀到現代史就說毛澤東讓中國同胞吃香蕉皮，不過他卻統一了中國語言，現在到中國旅遊、通商、求學只要會一種普通話即可，歐洲共有 38 國 1 個地區，對於外來遊客、商務人士非常不方便，不斷的過海關、不斷的換貨幣，1993 歐盟成立，整合所有參與國的經濟政策、貨幣、關稅、…，目前有 24 個成員國跟 4 個非成員國，對於歐洲發展提供了無窮的生命力。

整合是一門高深的學問、技術，某個團體變大了，某個團體消失了，既有得、失自然就有紛爭，以下是歐盟成立後，兩個最具代表性的案例：

歐豬五國：5 個經濟實力太差的豬隊友加入歐盟，在強弱懸殊的情況下遵守同一套規則、同一種貨幣、同一種關稅、…，結果就是 5 隻小豬經濟崩潰。

英國脫歐：參加歐盟有資源整合的好處，但必須放棄國家的主體性，驕傲的英國…那有可能，現在對於脫不脫歐還在歹戲拖棚！

產業鏈

分工與分贓

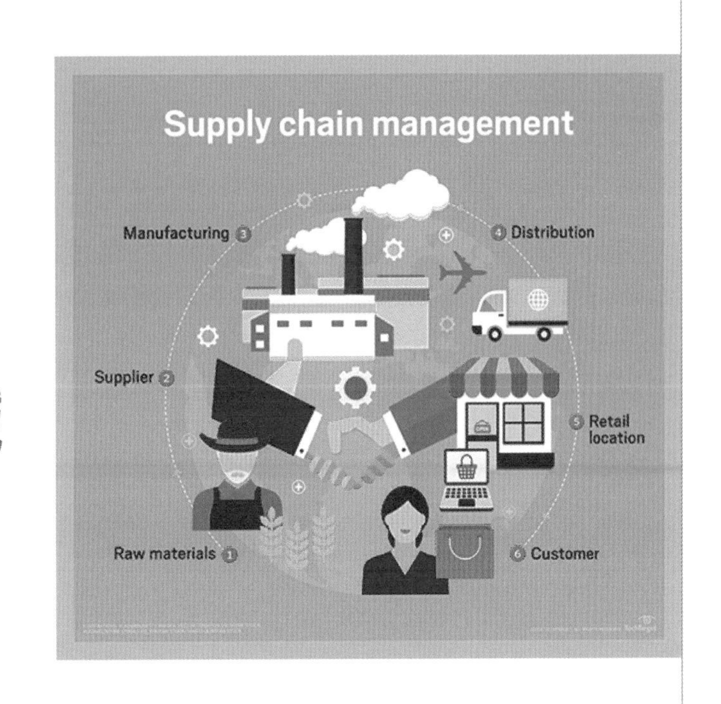

全球化企業最核心的精神就是全球分工，分工之後最現實的就是利益的分配，有些國家位處產業鏈的上游：創新、研發、設計，有些國家處於中游：生產，更有些國家處於下游：組裝。

台灣的產業發展從高雄加工出口區開始，處於產業鏈最下游：組裝，當時的優勢在於：低價勞力、低價土地、可供汙染的環境，隨著經濟成長、教育普及，台灣產業往中游挺進，這時的競爭優勢在於：充沛的技術人力，但由於經濟發展加上民粹主義抬頭，造成投資環境惡化，大批廠商將生產外移中國，台灣產業在高不成（產業升級失敗）、低不就（產業外移）的困頓環境下，經濟發展停滯 20 年，這就是薪資 22K 的真實原因。

美國廠商一直是處於供應鏈的上游，如 APPLE 做的就是創新、研發，就算是事務性工作、勞力生產工作也都高度自動化，因此人均產值高，所以美國人薪資高，反觀國內企業還在要求員工廢紙反面重複使用→環保＋節約，人家是以資訊系統作辦公室無紙化，這就是上、下游的差異！

產業轉移的見證

筆者大學時候天天混，若讓我回到 18 歲，重新選擇我仍然再混 4 年，讀教科書是無趣的、枯燥的，大學生最棒的特權就是犯錯，換一種說法就是對生活的探索，上圖的這一本書：工廠女兒圈，就是我大學 4 年所讀的雜書之一，描述台灣經濟發展過程中工廠女工的悲催生活，對比之下，今天中國所謂的血汗工廠真是小 Case。

作業單調如機器人一般，在流水線上：加工、組裝、檢查、…，一天 8 小時甚至 12 小時，這樣的苦悶生活就是工廠女工的寫照，1980 年代崛起的台灣女歌星鳳飛飛，最大的粉絲群就是工廠女工，在無聊的工廠生活中哼哼唱唱才能讓日子過下去，與鳳飛飛同一年代的世界級女歌手鄧麗君更是紅到中國，有一句順口溜：「不愛老鄧、愛小鄧」，老鄧改革開放，外資湧入中國，到處蓋工廠，這些工廠妹生活苦悶只能靠鄧麗君甜美的歌聲來撫慰，這兩位女歌手在當時的火紅更是見證了產業發展史。

產業聚落的轉移

美國是今日全球的唯一強權，也是近代各項新創產業的發源地，但 200 多年前英國人移民美洲時，美國也是毫無工業、科技基礎的，隨著日後經濟發達、產業升級，美國廠商才將勞力密集產業全部外移至日本，造成日本 80 年代的經濟奇蹟，相同的，日本的產業升級後，也把低階的產業外移至台灣、南韓，20 年前台灣的廠商也紛紛外移到中國設廠。

今天中國崛起了、有錢了！薪資不低了，土地貴了，環境也不給汙染了，外商投資的誘因都消失了，再加上美、中貿易大戰，多數廠商急速撤離中國，又一次的產業鏈遷徙發生了，這一次的目的地是東南亞，特別是越南，投資越南的誘因還是一樣的：薪水低、土地便宜、可以汙染的環境。

川普大力鼓吹廠商回美國，可能成真嗎？當自動駕駛已經開始入侵到我們的生活，自動化、智能化生產已經不是科幻情節，我相信在不久的將來，以機器人為主的關燈工廠將會成為主流，開發中國家今天的低價優勢也將喪失殆盡。

APPLE 價值鏈

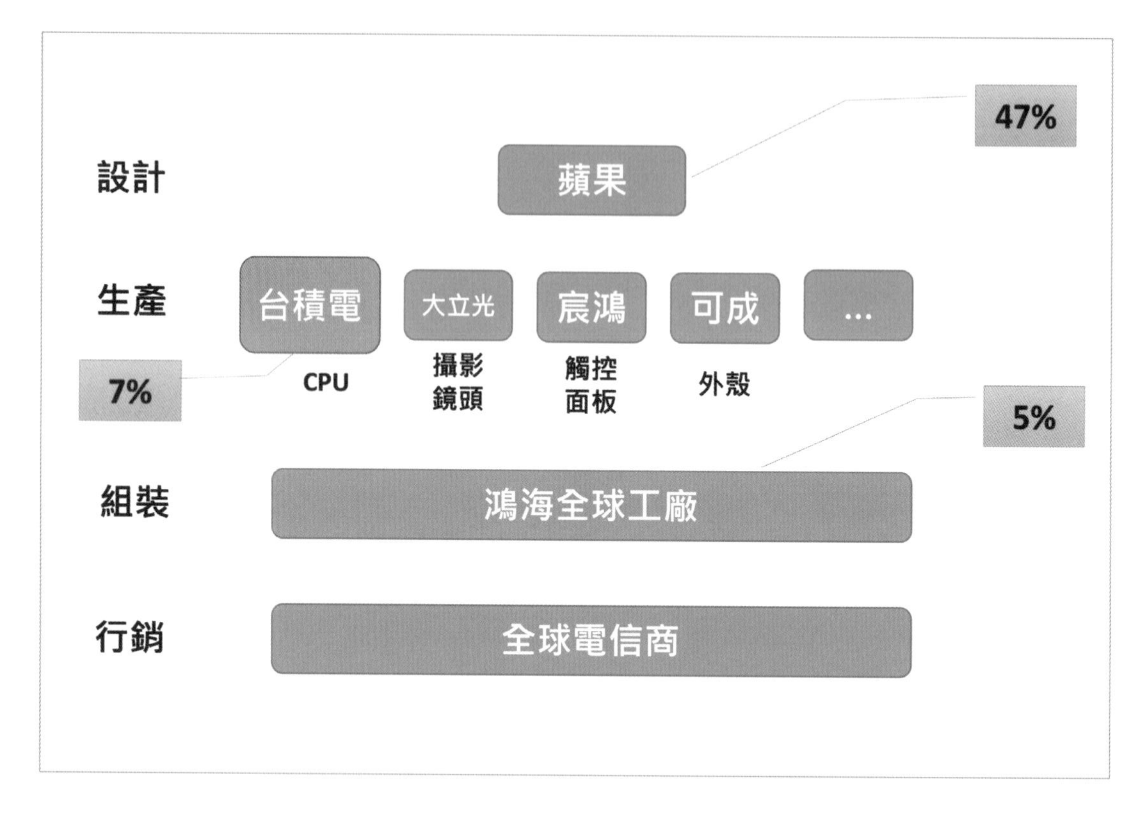

以 APPLE 全球供應鏈為例，APPLE 站在供應鏈的最頂端，負責產品研發、設計，根據設計圖，將全部零件全球發包生產，最後委由鴻海全球代工廠組裝後發送全球經銷商，最後與全球電信商作策略結盟，由電信商作為行銷及最大通路。

在整個供應鏈中，APPLE 獨家取得產品毛利 47%，零件生產代工的利潤較為微薄，其中 CPU 原本由南韓三星接單，近幾年台灣台積電在 CEO 張忠謀的領軍下，技術及產品效能遠超三星，因此奪得 APPLE 手機 CPU 訂單，可分得產品毛利 7%，鴻海完成整機的組裝、檢驗、配送，只分得產品毛利 5%，這就是殘酷的供應鏈分配情況，創新、技術、知識產權主導一切，因此老美吃肉，台灣只能喝湯，當銷售量驟降時，APPLE 直接砍單，所有的庫存壓力、工廠維持成本的風險全部落在代工廠商身上，因此美國股市小跌，全球股市受牽連卻是大跌。

APPLE 神話

APPLE 是賈伯斯於 1976 年創立，1985 卻被 APPLE 董事會逐出公司，但沒有賈伯斯的 APPLE 當然是毫無價值，1997 才又被董事會迎回振興公司。

賈伯斯就是個創意天才，回到 APPLE 後陸續推出 iTune（媒體播放器）、iPod（可攜式多功能數位多媒體播放器）、iPhone（智慧手機）、iPad（平板電腦）、iWatch（智慧手錶），每一次新品發表會都成為科技產品的時尚發表會，果粉們漏夜排隊成為每年必定上演的戲碼。

iTV（智慧電視）更將成為明日之星，日後所有電器裝置都將連接到 iTV，由 iTV 控制所有電器裝置，成為家庭生活、娛樂的中樞。

蘋果年產智慧手機一億支，是全世界第一家市值超過美金一兆元的公司，台灣史上最偉大的科技公司台積電的市值不到蘋果的 1/4，中國最大電商阿里巴巴的市值不到蘋果的 1/2，蘋果就是一家賣創意的私人企業，也只有美國這樣的國家可以培養出如此傑出的企業家。

Apple 展示間

2013/07紐約

2018/09爾灣

國家強不強？看表面統計數字是不精準的，因為各國政府都喜歡玩數字魔術，誇耀政績，所以要了解一個國家的實力，應該觀察當地人的生活！

2013 年夏天到紐約旅遊，當然要前往市中心 APPLE 體驗中心參觀一下，這裡就是每年 APPLE 新品發表時，新聞報導果粉徹夜排隊的地方。這個全球最繁榮的城市，到處都是外國遊客，人多卻不覺的雜亂，都市建築物新舊交錯卻不會讓人覺得突兀，這是一個充滿生命力的世界大熔爐。

2018 年夏天在南加州，到 Irvine Spectrum 購物商場逛逛，當然還是逛一下 APPLE 的體驗中心。Irvine 被評為全美國治安最好的城市，陽光、氣溫、空氣更是大多數人喜歡南加州的主因，道路兩旁全是高大樹木，街道整齊乾淨，駕駛人嚴格遵守交通規則，行人不會亂丟垃圾，社區內的花草樹木全部以循環水自動噴灑，自家房子不會違規加蓋，每一個家庭平均都有兩部以上的汽車，Irvine 這個地方 TESLA 電動車特多，這一切都是國力的綜合展現！

中美貿易大戰八卦篇

全球經濟產值80兆	全球人口74.5億	人均產值比
1. 美國：20 兆	3 億	6
2. 中國：14 兆	14 億	1
3. 日本：5兆	1億	5

美、中貿易大戰誰會贏？作者這些年來在美、中、台三個地方居住、旅遊、教學，貼近觀察 3 個地方的生活實況，加上客觀數據，我認為：「美國必勝」，分析如下：

- 戰爭初期打的國力，美國年產值 20 兆，中國只有 14 兆。
- 戰爭中後期打的是後勤生產力，美國雖然大多的生產事業都外移，但卻是全世界生產自動化最先進的國家，由美、中兩國人均產值比 6：1，就可知道兩國生產力的懸殊。
- 中國的中興通訊、華為號稱全球通訊電子大廠，技術領先全球，但美國政府限制出售關鍵零組件給中興後，中興頻臨破產，中國近年來科技研發為了快速趕上歐美先進國家，因此採取跳躍式彎道超車策略，因此看起來進步速度飛快，但產品底層的專利技術全部掌握在歐美國家。
- 表面上看似美、中兩國大戰，事實上又是一次八國聯軍圍剿中國，除非中國願意真正遵守國際貿易規則，否則全球施壓不會停止。

貿易內涵

美→中：$2,000億

中→美：$5,000億

美國出口到中國的商品每年 $2,000 億，以科技產品、農產品為主。
中國出口到美國的商品每年 $5,000 億，以低技術代工產品為主。

美中貿易存在 3,000 億美元的差額，美國以不公平貿易為理由，祭出報復性懲罰關稅，因此展開美中貿易大戰。

從雙方出口的產品分析：

中國生產的電子產品，若沒有美國的關鍵零組件，根本就全軍覆沒，中國 14 億人口，對於糧食的需求量巨大，除了美國可以供應之外，其他國家生產量根本不足以替代美國，反觀中國出口至美國的產品都是低附加價值、可替代性高的代工產品，改由其他國家進口對美國的影響就是進口物價稍微上漲一點，因此美國底氣十足，絲毫不肯退讓。

從雙方出口的金額分析：

中國經濟成長嚴重的仰賴美國的消費，$3,000 億的貿易逆差居全球之冠，俗語說：「拿人手短、吃人嘴軟」。

美國為何強盛？

台灣人教育子女，多半強調：「十年寒窗苦讀」，所以小學生早上 7 點就得參加早自習，下午 4 點下課後又必須參加校外安親班，寫完作業後大約 7:30 才由下班的父母接回家，有些人參加補習，還得搞到晚上 10 點，這是台灣小學生悲慘的童年。

美國小孩，下午 2:30 就下課回家了，自行在社區中從事各種活動，打球、溜滑板、游泳、玩樂器、…，在課業上強調自主適性發展，鼓勵小朋友參加團體活動，上課時鼓勵小朋友踴躍發問、提出自己的看法，這是美國式教育。

台灣小孩 K 書考試一把罩，而美國小孩上台簡報、動手實作各個駕輕就熟，美國人說 NO 就是 NO，台灣人說 NO 有可能是 YES，這就是教育所產生的文化差異。

美國這個國家為何可以為全球培育出如此多的精英？且看下面分解！

資本市場：創業家的天堂

NYSE
24.31%

NASDAQ
14.36%

上海證交所
5.31%

深圳證交所
3.26%

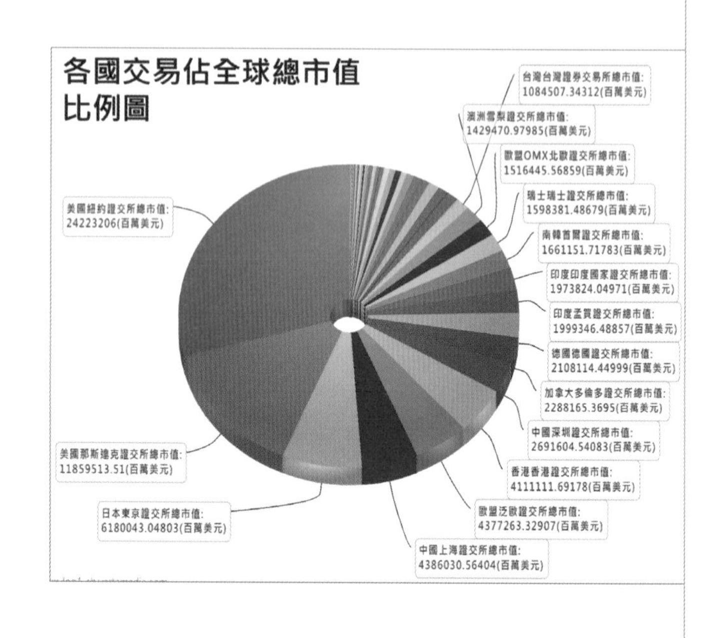

百度、阿里、騰訊為什麼要在美國上市？

現代化金融管理起源於西方國家，目前紐約是全球金融中心，亞洲人的現代化金融概念來自於西方國家，但只學了半套：「穩健的財務」，卻漏了美國夢的精髓：「富貴險中求」。

阿里、百度、騰訊、小米、…，為什麼都不在中國上市，卻選擇了紐約、香港，因為中國證交所對於上市申請公司的經營審核太過保守（台灣也是一樣），必須有實體資產、必須連續幾年獲利，因此新創產業、築夢產業都不可通過上市條件（TESLA、Amazon、Google 都無法上市），這些可能是明日之星的新創產業只好帶著上市計畫到紐約。

美國對於外來資金的管制：透明、公開、公平，資金進得來當然就出得去，因此全球金融家願意到美國投資，滿手是錢的金融家遇見充滿希望的夢想家當然是一拍即合，美國夢一一開花結果。

結論：允許犯錯、允許創新 → 成功 → 超額利潤

產業、學術：整合

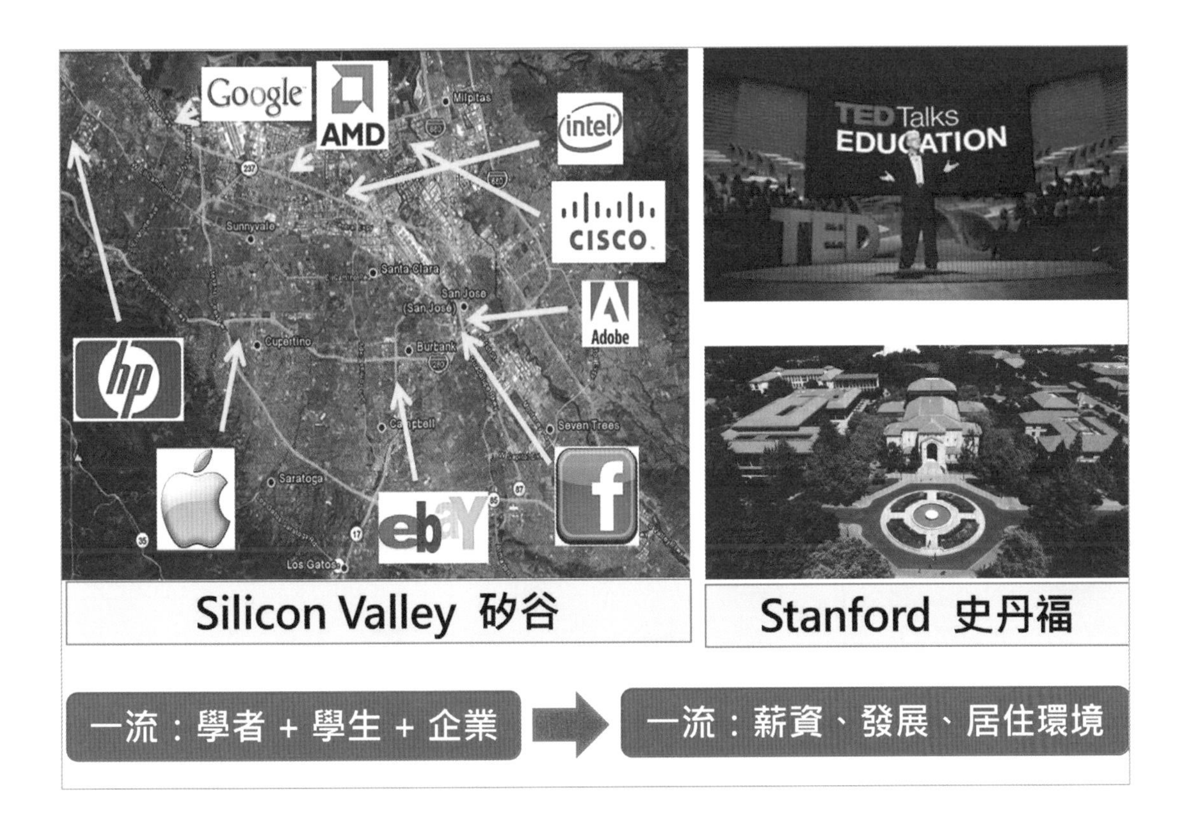

研發、創新靠的是教育、研發單位，美國夢的發源地在矽谷，全美國創新科技的代表企業全部聚集於矽谷，因為矽谷周圍遍佈全球一流大學、實驗室，當然更聚集了全球一流的學生、學者、研究者，這是一種磁吸效果，有資金、有創新、有人才，形成正向良性循環，世界各國的一流企業若想競逐全球之最，必定得在矽谷設一研發中心，以便取得全球最新科技技術與資訊。

一流的大學吸引一流學生，一流的研究機構吸引一流的學者，一流的企業提供一流的薪資與研究環境，一流的政府提供一流的居住環境與投資環境，全世界國家優秀人才被美國自由研究環境綁架，美國的強大是必然的！

各國為何不禁止優秀學生到美國留學呢？優秀學生留在本國只能成為一群笨蛋中的第一名，沒有美國優質的研究環境，是無法發光發熱的！舉一個實例：台灣職棒選手到美國職棒大聯盟發展，在台灣是神一般的強投，被打爆中途離場也是常事，在世界殿堂上不斷淬煉，才能使技術更精進，旅美選手在薪資、職涯發展更是台灣年輕選手追求的目標。

MOOC：磨課師

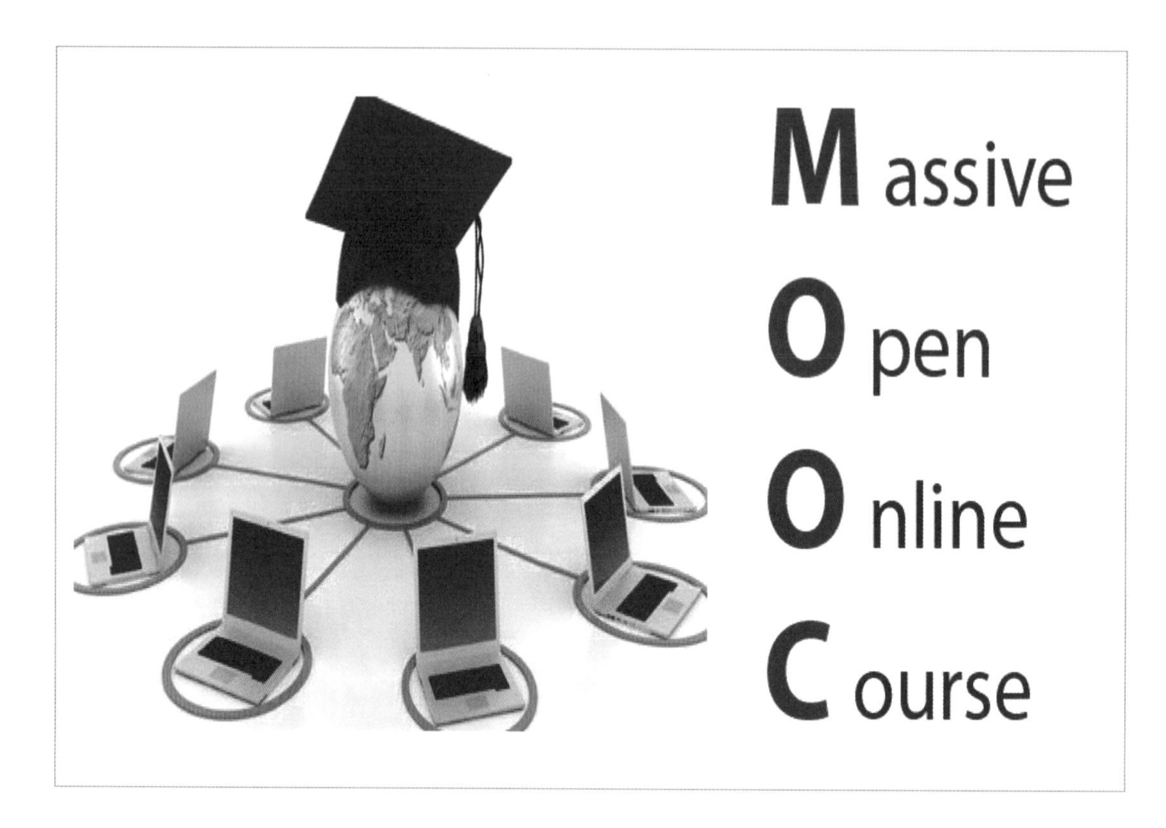

知識的價值在於分享，人類之所有異於其它動物，在於人類的學習是植基於知識累積，也就是前人的經驗被記錄下來，後人可以在一定的基礎上繼續研發，不必重頭再來，因此知識是不斷累積的。

各國無論在貿易、經濟、科技、…都是互相競爭的，同時也互相合作，美國這一個世界唯一強權，對於知識、科技採取的態度是開放、分享的，Internet 就是起源於美國，帶動全世界資料、知識分享，如今全美國一流大學都會製作 MOOC（魔課師：大量開放線上課程）教材，提供全球學生、學者作學習、研究參考，都是免費、不需註冊、完全開放的。

因此，美國就是全球知識的發源地，一流學生、一流學者自然將美國視為知識聖地，到美國朝聖、到美國發展成為一生的志業。

文化侵略：American Dream

2018拳王梅威瑟
獎金：2.75億美元

1769萬美元

600萬美元

從小吃麥當勞、喝可樂、看侏儸紀公園、看哈利波特、看美國職棒、看美國職籃，沒錢的看電視的迪士尼卡通，有錢的遊迪士尼樂園，我們從小到大的生活都離不開美國文化，這是文化侵略、文化洗腦，不過，這也是人類追求：真、善、美的本性，無法避免也無法禁止。

台灣一流的導演李安、一流職棒選手陳偉殷，都是在美國發光發熱，陳偉殷若留在台灣發展年薪不會超過 600 萬台幣，如今在美國發展的年薪是 600 萬美金，起碼是 30 倍，即使如此，相對於美國頂級職業運動員年薪動輒過億，全球各國職業運動員的薪水就是個零頭，這也就是美國夢對全世界頂尖人才的致命吸引力。

美國的運動、電影、表演、藝術，都有相當成熟的商業機制，因此可以提供天文數字的薪資、待遇，雄厚的資金加上大卡司、大製作，美國好萊塢拍攝的電影就是著眼於全球市場，特殊人才被視為資產善加保護，創新、創意受法令保護，人人守法令並以奉獻社會為榮，這些都是社會文化也是社會規範。

移民政策：要人要錢

美國的移民政策歡迎所有特殊人才，何謂特殊？才藝、技術、研究、運動、藝術、有腦、有錢、有勞力、…，廚師是一種技術，看護工、護士都是一種技術，只要是美國缺乏的都稱為特殊，所以有錢人可申請移民，窮人也可以移民到美國，美國移民政策相當務實又彈性。

反觀台灣，高階人力請不起，又認為低階勞力進來搶台灣人的工作機會，經濟停滯的狀況下，連台灣的本土優秀人才都被低薪逼走，這幾年連優秀高中生都不願意留在台灣就讀，被香港、新加坡優秀大學以高額獎學金拉走。

一個國家的人口政策，影響勞動力的培植與引進，美國人並沒有多優秀，但良好的政策加上環境，吸引全球一流人才，這才是強國的根本。

美國留學生人數＞100 萬

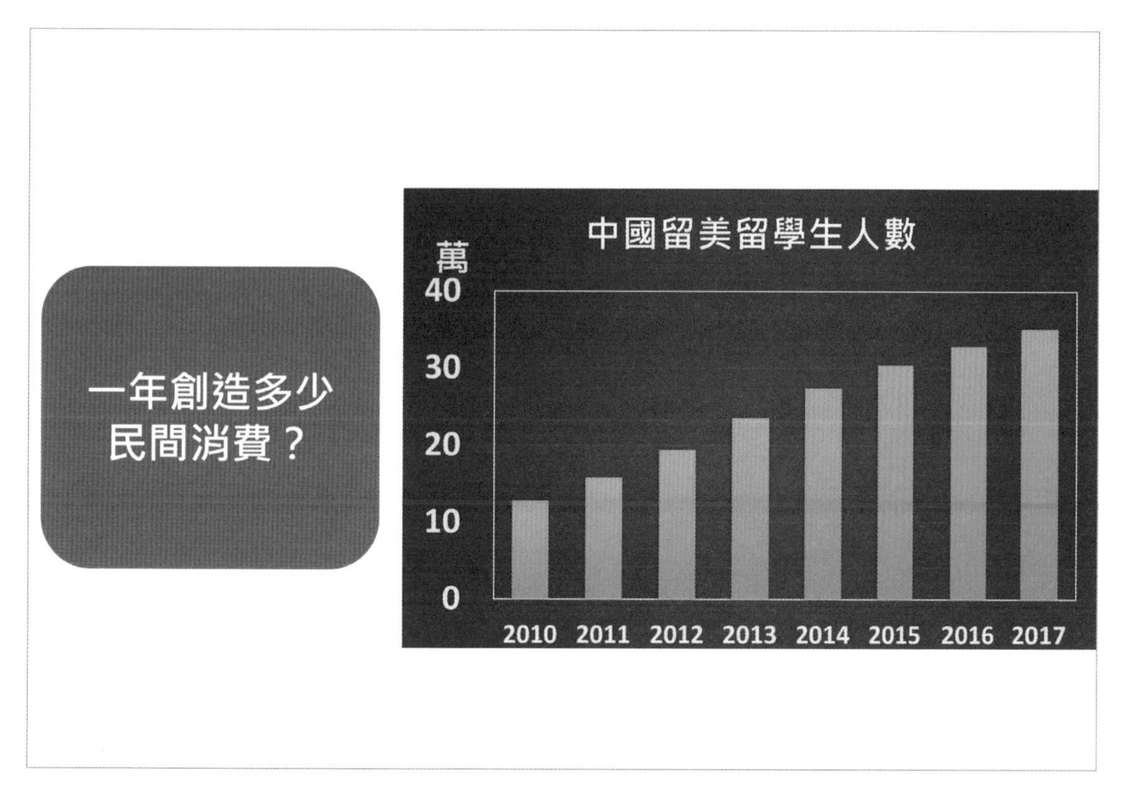

美國把教育當成產業在經營，傑出、優秀的學生就以獎學金吸引，不是那麼優秀的一樣歡迎，繳高額學費即可，非常務實！要不然優秀學生的高額獎學金誰出？不會像亞洲人一樣滿嘴仁義道德：「不該開學店」！

經營任何事業，包括經營學校，當然必須進行：可行性研究、損益分析、經營策略、行銷管理，美國大學校長最大的任務就是向外界募款，人家可不是坐在學校內談學術地位、領導老師們。

每年到美國的留學生超過 100 萬人，作者估計一個流學生一年在美國消費約 100 萬台幣，這創造了多麼龐大的民間消費，台灣私立大學一年學費約 10 萬台幣，大家喊貴！如果不是國家補助，最起碼得 2 倍 20 萬元，台灣的教育資源是被誤用、濫用，人人進大學、大家滑手機，平頭式的補助，不適合讀書也進大學，真正窮苦的資優生，得不到全額獎學金的資助，優秀學生反倒被外國一流大學搶走，大家嘴巴說大學不應該成為學店，卻眼睜睜看著多家私校董事會掏空校產。

科技產業話語權

美國人喜歡創新、鼓勵創新，近代大多數的創新都源於美國，美國人創新一個產品、產業，當然就必須訂定產品規格、產業標準，如此才能全球共用、共享，因此專利、智慧財產權全部是美國人的，全世界的生產廠商都必須付專利費用、版權費給美國，同時美國更擁有產業的話語權，也就是產業發展方向、規格制訂，都是美國人說了算！

通訊技術規格由 1G、2G、3G、4G 全部是西方國家制定，如今中國華為想在 5G 技術上彎道超車，取得市場主導地位，成為制定產業規格的領導廠商，表面上華為 5G 技術與韓國三星、歐盟 Ericsson、日本 Nokia 並列，但底層通訊技術專利仍然是掌握在傳統大廠手中，因此美國很輕易的以國家安全為由，聯合親美國家圍堵華為 5G 設備攻佔全球市場。

產業規格制定權取決於研發人才與資金投入，美國歷年來都是投入研發經費最多的國家，2018 年 Amazon 是全球研發經費投入第一名，這就說明為什麼網路服務的技術、市場占有率都是 Amazon 遙遙領先，長線投資布局才是國際競爭的王道。

自由經濟：資源最佳化

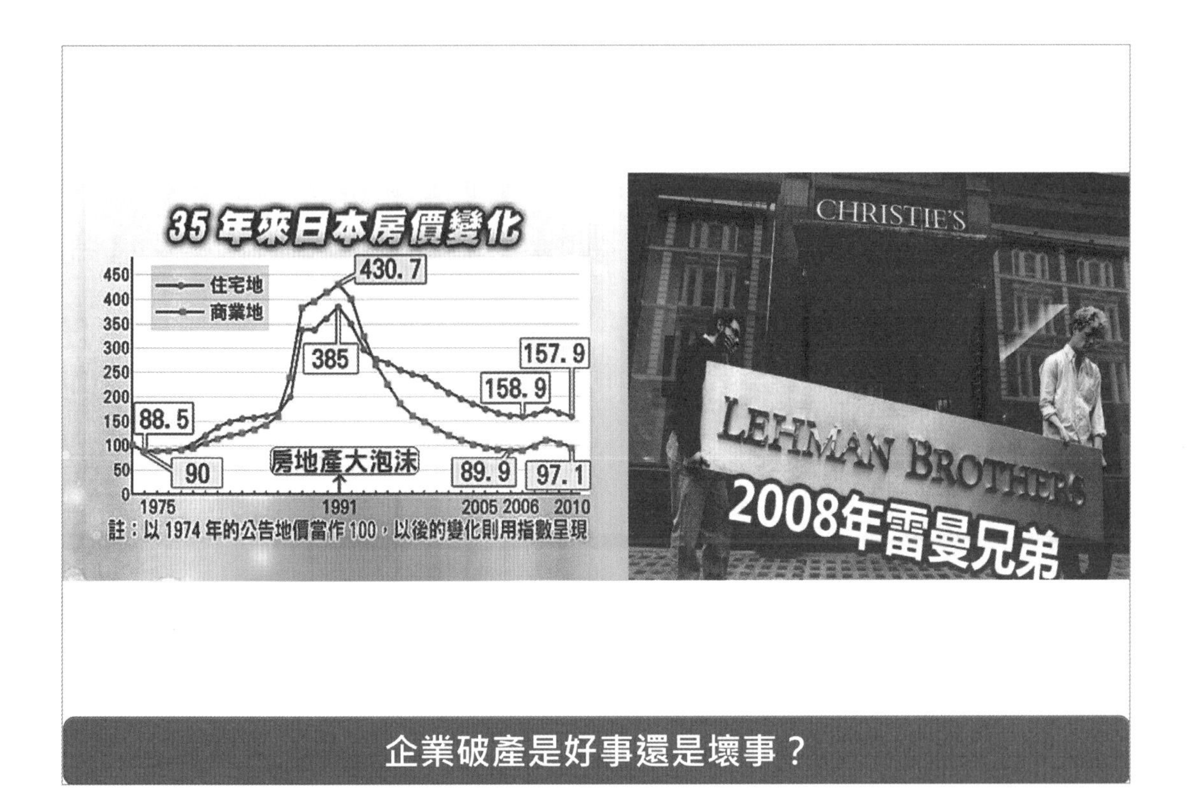

企業破產是好事還是壞事？

亞洲人視破產為壞事，亞洲政府更是不敢讓銀行倒閉，說是怕動搖國本、影響經濟民生，這樣的觀念對嗎？我倒是認為：「破產倒閉是個人、企業、組織重生的契機」。

一個企業頻臨破產代表：「一群人 + 一堆資產的運作效率太差」，但企業領導層必然是不認輸、不認錯，唯有以法定的破產倒閉，才能終止無效企業繼續運作，破產後原來的一群人另外找到工作，開啟新的職涯，原來的一堆資產，重新投入不同企業，產生新的效用，這就是資源最佳化重組。

台灣的十信金融風暴，政府花了 10 年才處理完金融壞帳，日本金融風暴過後 30 年，日本經濟仍未恢復元氣，就是因為不願意宣布銀行倒閉，致使資源繼續無效率運作。反觀美國，2008 年金融風暴，美國政府斷然讓世界級的雷曼兄弟銀行倒閉，所有的問題一次攤開並加以解決，因此迅速恢復金融秩序，兩三年後美國經濟恢復生機，反倒是受影響的亞洲國家經濟仍然倒地不起。

立法精神：正義、公平

「社會公平正義」是一個進步、文明國家發展的基石，企業家賺錢天經地義，但必須有社會良知，只管自己賺錢，不顧天下蒼生，儘管合法也必然引發社會動亂，因為不符合公平正義原則。

Amazon 是全世界最大電子商務企業、全世界市值最高企業，它的 CEO 貝佐斯是全球首富，但 Amazon 的許多員工卻領取政府的低薪補助，Amazon 雖然沒有違法，卻是為富不仁，因此國會議員 BERNIE 提出「遏止貝佐斯法案」，法案明定：「員工領取政府低薪補助，則企業必須繳交企業稅」，藉此強迫企業提高薪資，這就是一個進步國家國會議員的政治擔當與作為。

Amazon 迫於輿論與購物節人力短缺的雙重壓力，斷然將最低薪資一口氣由 $7.5 調高至 $15，反倒形成競爭優勢，讓其他物流大廠找不到員工，當然 Amazon 在調高薪資的同時，必然著手進一步的自動化提升，以降低人力需求、提升作業效率，這就是良性循環。

價值觀：回饋社會

至2013年蓋茨捐款總額$ 302億

2010「巴比」富豪宴...

亞洲人喜歡炫富，將財富視為成功的標誌，家庭、學校、社會教育都是如此，西方社會對於成功的定義比較有層次感，事業成功、有錢只是最低階，因此也很少人拿有錢來說嘴，但有錢人捐出 99% 家產從事社會公益，就令人敬佩了！

另外還有一種稱為「神」的人，就譬如 Microsoft 的比爾蓋茲，至 2013 年為止個人捐款已達美金 302 億（據說：他如果不要捐那麼多錢，至今他仍是世界首富），蓋茲更邀集全天下富豪一起捐款，股神巴菲特就將他財產的一部份交給蓋茲打理從事公益事業。

2010 年巴菲特、比爾蓋茲一起到中國，邀約中國富豪一起捐款作公益，結果這些中國有錢人大多躲起來不敢赴宴，我想並不是中國富人沒愛心，而是社會氛圍，公開捐款會被視為炫富，甚至遭到官方查稅，因此大家連行善都得低調，無法達到社會教化的功效。

論語中所說：「富而好禮」，就是這種境界，社會中充滿「回饋」的正能量。

習題

(　　) 1. 以下有關全球化貿易，哪一個項目是錯誤的？

(A) 節省生產、運輸成本
(B) 貼近市場，獲取資訊
(C) 讓企業變大變強
(D) 避免關稅、進口配額限制

(　　) 2. 以下有關「討論：關稅、貿易自由化的利弊？」，哪一個項目是正確的？

(A) 關稅越高保護國內產業力道越強
(B) 訂定嚴格進口配額可阻止進口商品
(C) 美中貿易大戰是美國挑倖
(D) 外來競爭可刺激國內產業升級

(　　) 3. 以下有關區域經濟，哪一個項目是錯誤的？

(A) WTO：世界貿易組織
(B) 區域經濟可消除貿易障礙
(C) TPP：跨太平洋夥伴協定
(D) 區域經濟清其對台灣發展不利

(　　) 4. 以下有關區域經濟的競合關係，哪一個項目結盟國之間關係最不緊密？

(A) 關稅同盟　　(B) 自由貿易區
(C) 共同市場　　(D) 經濟同盟

(　　) 5. 以下有關自貿區：資源整合吸引外資，哪一個項目是錯誤的？

(A) 專區內提供一條龍服務　　(B) 專區內視同關外
(C) 專區內一樣要繳稅　　(D) 避免國內企業遭受衝擊

(　　) 6. 以下有關台灣汽車裕隆的蛻變，哪一個項目是正確的？

(A) 台灣汽車技術主要來自於美國
(B) 納智捷是由日本引進的車種
(C) 參加 WTO 讓台灣汽車產業崩潰
(D) 嚴凱泰帶領裕隆浴火重生

(　) 7. 以下有關台灣農業競爭力，哪一個項目是正確的？

(A) 加入 WTO 台灣農業潰敗了
(B) 學者的保護農民論是救國良方
(C) 古坑咖啡是進口品牌
(D) 台南蘭花世界第一

(　) 8. 以下有關全球化生產、企業，哪一個項目是錯誤的？

(A) 現代企業版成吉思汗是指王永慶
(B) 鴻海的優勢：全球化佈局
(C) 鴻海集團是全球最大電子組裝廠
(D) 鴻海建廠帶來上下游供應鏈廠商

(　) 9. 以下有關富士康傳奇，哪一個項目是正確的？

(A) 富士康最厲害是人海戰術
(B) 富士康的強項是團隊接力
(C) 富士康的強項是吃苦耐勞
(D) 全球分公司讓富士康所向無敵

(　) 10. 以下有關車同軌、書同文，哪一個項目是正確的？

(A) 市斤 > 公斤 > 台斤
(B) 偷斤減兩市商人的本能
(C) 統一度量單位是商業的基礎建設
(D) 童叟無欺是市場自發性行為

(　) 11. 以下有關車同軌、書同文，哪一個國家不是歐豬五國成員？

(A) 希臘
(B) 阿根廷
(C) 葡萄牙
(D) 義大利

(　) 12. 以下有關產業鏈：分工與分贓，哪一個項目是正確的？

(A) 美國人勤儉持家所以薪資高
(B) 台灣薪資 22K 是阿共的陰謀
(C) 台商外移中國是政治因素
(D) 高度自動化是高薪資的主因

(　　) 13. 以下有關產業轉移的見證，哪一個項目是正確的？

(A) 鳳飛飛的粉絲群是粉領族
(B) 小鄧指的是鄧小平
(C) 鄧麗君撫慰中國工廠妹的心靈
(D) 台灣經濟發展順利沒有血汗工廠

(　　) 14. 以下有關產業聚落的轉移，哪一個項目的轉移順序是正確的？

(A) 日本 → 美國 → 中國 → 台灣
(B) 美國 → 日本 → 台灣 → 中國
(C) 中國 → 台灣 → 日本 → 美國
(D) 台灣 → 日本 → 美國 → 中國

(　　) 15. 以下有關 APPLE 價值鏈，哪一個項目是錯誤的？

(A) 抽單風險由代工廠承擔
(B) 鴻海位於價值鏈最底端
(C) 台積電取代韓國 LG
(D) 蘋果拿走將近一半的利潤

(　　) 16. 以下有關 APPLE 神話，哪一個項目不是 APPLE 的產品？

(A) i-Note　(B) I-Pod
(C) i-Pad　(D) i_Tune

(　　) 17. 以下有關 APPLE 展示間，哪一個項目是錯誤的？

(A) 國家發表的經濟統計數字都是可信的
(B) 公民道德是國力的展現
(C) 環境品質是國力的展現
(D) 都市建築是國力的展現

(　　) 18. 以下有關中美貿易大戰八卦篇，哪一個項目是正確的？

(A) 是又一次八國聯軍圍剿中國
(B) 中國是無辜被欺負
(C) 中興通訊、華為技術領先全球
(D) 美、中兩國國力相當

(　　) 19. 以下有關貿易內涵，哪一個項目是錯誤的？

(A) 中國對美嚴重出超
(B) 美國是被不公平對待的一方
(C) 美國祭出報復性懲罰關稅
(D) 美國農產品將賣不掉

(　　) 20. 以下有關美國為何強盛，哪一個項目是錯誤的？

(A) 寒窗苦讀才是成功的保證
(B) 美式教育強調自主適性發展
(C) 課外活動是重要的
(D) 上課應踴躍發問

(　　) 21. 以下有關資本市場：創業家的天堂，哪一個項目是錯誤的？

(A) 紐約證交所規模全球最大
(B) 美國鼓勵新創產業
(C) 美國嚴格限制外來資金
(D) 美國是投資家的天堂

(　　) 22. 以下有關產業、學術：整合，對美國矽谷的描述哪一個項目是錯誤的？

(A) 一流：學生、學者、企業
(B) 擁有大量的矽礦石
(C) 實現美國夢的最佳場所
(D) 一流：薪資、發展、居住環境

(　　) 23. 以下有關魔課師，哪一個項目是錯誤的？

(A) 英文簡稱：MOOC
(B) 翻譯為：大量開放線上課程
(C) 免費、不需註冊、完全開放
(D) 是美國對全球的學術陰謀

(　　) 24. 以下有關文化侵略：American Dream，哪一個項目不屬於美國文化？

(A) 川劇變臉　　(B) 迪士尼
(C) 麥當勞　　(D) 職業運動

(　　) 25. 以下有關移民政策：要人要錢，哪一個項目是錯誤的？

(A) 美國移民政策歡迎所有特殊人才
(B) 美國缺乏的都稱為特殊人才
(C) 台灣年輕人也嚴重外流
(D) 窮人很難申請美國移民

(　　) 26. 以下有關美國留學生人數，哪一個項目是錯誤的？

(A) 超過 100 萬
(B) 創造龐大民間消費
(C) 把教育當事業經營是不對的
(D) 吸引全球一流學生

(　　) 27. 以下有關科技產業話語權，哪一個項目不是 5G 通訊領導廠商？

(A) Tencent　　(B) Huawei
(C) Ericsson　　(D) Nokia

(　　) 28. 以下有關自由經濟：資源最佳化，哪一個項目是錯誤的？

(A) 企業破產倒閉是重生的契機
(B) 銀行倒閉對長期經濟發顫是好事
(C) 日本政府保障銀行因此風調雨順
(D) 破產倒閉能終止無效企業繼續運作

(　　) 29. 以下有關立法精神：正義、公平，哪一個項目是錯誤的？

(A) Amazon 是被告
(B) 國會議員提出「遏止貝佐斯法案」
(C) 「遏止貝佐斯法案」是違憲的
(D) 企業賺錢必須符合社會公平正義

(　　) 30. 以下有關價值觀：回饋社會，哪一個項目是錯誤的？

(A) 微軟蓋茲全球捐款第一名
(B) 股神巴菲特也熱宗回饋社會
(C) 中國沒有公開行善的社會風氣
(D) 富而好禮出於孟子

APPENDIX

A

習題解答

CHAPTER 1　電子商務概論

1.	D	2.	A	3.	C	4.	B	5.	B	6.	C
7.	B	8.	A	9.	D	10.	B	11.	C	12.	A
13.	A	14.	D	15.	D	16.	C	17.	C	18.	A
19.	D	20.	B	21.	C	22.	B	23.	A	24.	B
25.	C	26.	D	27.	B	28.	B	29.	A		

CHAPTER 2　商務概論：品牌、行銷

1.	A	2.	B	3.	A	4.	C	5.	A	6.	D
7.	A	8.	D	9.	C	10.	B	11.	D	12.	C
13.	D	14.	A	15.	B	16.	C	17.	A	18.	B
19.	C	20.	C	21.	B	22.	D	23.	B	24.	C
25.	D	26.	A	27.	B	28.	D	29.	A	30.	B
31.	C	32.	D	33.	A	34.	D	35.	B	36.	D
37.	C	38.	D	39.	A	40.	C	41.	C	42.	A

CHAPTER 3　商務自動化

1.	B	2.	D	3.	A	4.	A	5.	D	6.	B
7.	C	8.	C	9.	D	10.	A	11.	C	12.	D
13.	D	14.	C	15.	B	16.	C	17.	A	18.	B
19.	A										

CHAPTER 4　社群 - 創新商務模式

1.	C	2.	B	3.	A	4.	D	5.	C	6.	B
7.	D	8.	C	9.	A	10.	D	11.	B	12.	B
13.	A	14.	B	15.	D	16.	D				

CHAPTER 5 物聯網 - 創新商務模式

1.	D	2.	A	3.	B	4.	C	5.	A	6.	B
7.	C	8.	D	9.	C	10.	B	11.	A	12.	A
13.	B	14.	C	15.	C	16.	A	17.	C	18.	C
19.	D	20.	B	21.	D	22.	D	23.	A	24.	C
25.	B	26.	A	27.	D	28.	C				

CHAPTER 6 物流概論

1.	B	2.	A	3.	C	4.	D	5.	A	6.	B
7.	C	8.	A	9.	D	10.	D	11.	C	12.	B
13.	C	14.	A	15.	D	16.	B	17.	B	18.	C
19.	C	20.	D	21.	A	22.	D	23.	B	24.	A
25.	C	26.	A	27.	B	28.	C	29.	B	30.	C
31.	D	32.	D	33.	A	34.	B	35.	B	36.	C
37.	C	38.	C	39.	D	40.	A				

CHAPTER 7 全球化貿易

1.	C	2.	D	3.	B	4.	B	5.	C	6.	D
7.	D	8.	A	9.	B	10.	C	11.	B	12.	D
13.	C	14.	B	15.	C	16.	A	17.	A	18.	A
19.	D	20.	A	21.	C	22.	B	23.	D	24.	A
25.	D	26.	C	27.	A	28.	C	29.	C	30.	D

電子商務實務 200 講｜電子商務基礎檢定認證教材

作　　者：林文恭
企劃編輯：郭季柔
文字編輯：王雅雯
設計裝幀：張寶莉
發 行 人：廖文良

發 行 所：碁峰資訊股份有限公司
地　　址：台北市南港區三重路 66 號 7 樓之 6
電　　話：(02)2788-2408
傳　　真：(02)8192-4433
網　　站：www.gotop.com.tw
書　　號：AER053100
版　　次：2019 年 03 月初版
建議售價：NT$350

國家圖書館出版品預行編目資料

電子商務實務 200 講：電子商務基礎檢定認證教材 / 林文恭著. -- 初版. -- 臺北市：碁峰資訊, 2019.03
面； 公分
ISBN 978-986-502-064-4(平裝)
1.電子商務
490.29　　108002494

讀者服務

- 感謝您購買碁峰圖書，如果您對本書的內容或表達上有不清楚的地方或其他建議，請至碁峰網站：「聯絡我們」\「圖書問題」留下您所購買之書籍及問題。（請註明購買書籍之書號及書名，以及問題頁數，以便能儘快為您處理）
http://www.gotop.com.tw

- 售後服務僅限書籍本身內容，若是軟、硬體問題，請您直接與軟、硬體廠商聯絡。

- 若於購買書籍後發現有破損、缺頁、裝訂錯誤之問題，請直接將書寄回更換，並註明您的姓名、連絡電話及地址，將有專人與您連絡補寄商品。